目次

原本まえがき

第二回ジャパン・ビア・グランプリ会場で

私は今、広島の独立行政法人酒類総合研究所に来ている。

第二回ジャパン・ビア・グランプリの審査がいよいよ大詰めを迎えている。日本全国から一四三種類のビールが集まり、既に、約一ヵ月にわたった生化学的な試験を済ませ、これから、最終審査である官能審査が始まろうとしているのだ。先ほど、最初にサーブされる六種類が準備室に運び込まれ、審査用コップの前に並べられている。一一名の審査委員団に同じ温度、同じタイミングで、二日間にわたってすべてのビールが首尾よくサーブされねばならないのだ。私は、六名のビール・サービング・チームがそれぞれの持ち場で緊張した面持ちで私の合図を待っているのを見つめている。

この中に、お手伝いとして、一人まったくのビール素人が混ざっている。講談社の井上さんだ。この二日間にわたる官能審査会の会期中、夜は、井上さんとホテルにこもって、本書の最終ゲラ・チェックを行うことになっているのであった。意図的にこのタイミングを計っていたわけではなく、私がわがままを言って膝を突き合わせる機会を作らずにいたら、井上さんが押しかけてきただけであるが、なんとも本書の門出(かどで)にふさわしい時に重なったものだと、ビールと私と本書の因果を感じているのであった。

大手紙のビール紹介文が意味不明！

ビールの鑑定については、本書の第五章でくわしく紹介するとして、まずは、本書を書くきっかけとなった記事について紹介しておこう。ビール好きなら誰でも興味を持って読むであろう。ある大手ビール・メーカーの新商品の説明が、ある経済新聞紙に次のように紹介されていた。

無濾過(ろか)の生ビール。通常のビールはすっきりした味作りが特徴の「下面発酵」を採用しているが、これは複雑な味と香りを引き出す「上面発酵」を採用した。世界で集めた約百六十種類の中から選んだ酵母を生きたまま使い、さわやかな香りとまろやかなこくを引き出したという。三百三十ミリリットル小瓶入りの一種類だけで、希望小売価格は二百三十八円。

上面発酵は原料である麦芽の個性がはっきり表れるため、素材の個性を生かそうと、大麦と小麦の麦芽だけを使った。ホップはアロマホップを使用、上質な苦みと香りをつけた。きめ細かな泡と、白く曇った黄金色の液色が特徴だ。

通常の常温流通のビールと違って、鮮度を保つチルド流通が……
（二〇〇二年九月一四日付　日本経済新聞　プラス1より）

さて、皆さんはこの紹介文にどれだけ納得できたか、あるいはできなかったであろうか。私はこの紹介文が掲載された日、一般消費者はもとより、ビール醸造に従事する若者たちからも多数の質問を頂いた。無理もないものばかりである。ここに紹介しよう。

ビール紹介文への質問ラッシュ

一般消費者1：「〝無濾過〟ということは、通常は生ビールでも濾過をしてあるということですか？　ある地ビール・メーカーでは、無濾過で生きた酵母が入った生ビールなので冷蔵保管してください、と言っていました。濾過、生ビール、生きた酵母、冷蔵保存の関係は？」
一般消費者2：「下面、上面、は何と読むのでしょうか？　また、通常のビールは全部〝下面〟で、〝上面〟発酵のものは、すっきりしていないビールなんでしょうか？」
醸造家1：「〝世界で集めた約百六十種類の中から選んだ酵母〟って世界中のどのビール会社のどのビールでもそうやって選んで使用するものだと思ってました。この会社、このビール以外の酵母は自社で遺伝子組み換えでもしたものしか使ってないってことでしょうか？」

一般消費者3：「〝酵母を生きたまま使い、さわやかな香りとまろやかなこくを引き出した〟とありますが、通常は死んだ酵母を使っているので香りやこくがないということなのでしょうか？」

一般消費者4：「〝上面発酵は……素材の個性を生かそうと、大麦と小麦の麦芽だけを使った〟とありますが、上面発酵では小麦を使用したほうが良いのでしょうか？」

一般消費者5：「〝大麦と小麦の麦芽だけ〟とありますが、通常のビールは他にどんな麦芽を使用するのでしょうか？」

醸造家2：「〝ホップはアロマホップを使用〟って、この会社、他のビールにはアロマホップ使ってないってこと？　まさか、そんなことないですよね。それから、このビール、苦味ホップを使用していないということであれば、ホップのエキスでも使用したということでしょうか？　また、苦味ホップも使用しないで、〝きめ細かな泡〟を出した、というのは、窒素ガスでも充塡しているのでしょうか？　泡持ちを良くする添加剤は日本ではビールの原材料としては認められてないですからね」

これでは、ほとんど全文が？？？ではないか。ワインや日本酒では日本人もある程度の知識があるので、こんなわけの分からない解説を見ることは少ないが、ビールに関しては、まったく未開の国と言って良い。

このビール記事の本来の意味

日本人にとって、これほど身近なものになったビールについての新商品説明がこんなものではあまりにも寂しい。醸造家が指摘するような皮肉な事実はないと仮定して、勝手に（できるだけ善意に）解釈して誤解が起きないように、この紹介文から伝わる新商品の説明を書き直してみよう。

無濾過のビールで酵母が生きたまま入っている。通常のビールはすっきりした味作りが特徴の「下面発酵（かめん）」の酵母を使用しているが、このビールには、世界のビール酵母約百六十種類の中から、さわやかな香りとまろやかなこくを引き出す「上面発酵（じょうめん）」の酵母を選定して使用した。三百三十ミリリットル小瓶入りの一種類だけで、希望小売価格は二百三十八円。

コーンスターチなどの副原料は使用せず、大麦麦芽に加え小麦麦芽も使った。ホップは、通常のビールではアロマホップとして使用しているものを苦味ホップとしても使用し、上質な苦みと香りに仕上げた。きめ細かな泡と、白く曇った黄金色の液色が特徴だ。

通常の常温流通のビールと違って、鮮度を保つチルド流通が……

日本のビール愛好家に持って欲しい最低限の知識

さて、まだ？？？の方もいらっしゃるかも知れない。あるいは、すでに味への想像を馳せていらっしゃる方も。必ずしもビール通だけが読むとは限らない一般新聞紙上といえども、日本のビールを評する方々は、最低、この程度の矛盾や誤解を招かない書き方ができる知識レベルであって欲しいものだ。また、一般の方にも、デタラメとも思えるような紹介文は容認できない「常識」を身につけていただきたい。そうすれば、もっともっとビールを楽しめるからだ。

このような常識を身につけるには、まず原材料や製造についての基本的な知識を持たねばならない。日本人の多くは「紀州の梅干し」とか「鹿児島の黒豚」というように、特産品ならではの味わいとかありがたみをなんとなくイメージできるはずである。また、そば粉のつなぎに何をどのくらい入れたか、という情報から、そばの色、硬さということをなんとなくであれ想像できるであろう。しかし、日本の一般的なビール好きは、ビールに対してはあまりにも知識が無さすぎるのだ。

本書の目的と構成

私はかつて自社に小さなビール工場を持っていた。現在ではビール醸造事業は売却しているが、日本国内はもとより世界各国にビール愛好家とビール醸造家の友人がいる。日本の一般的なビール好きの持つビールの知識と、世界のビール好きが持つビールの知識のギャップがあまりに大きく、日本のビール好きはどれだけビール人生を損しているか、ということを痛切に感じてきた。

本書は、そのギャップを埋めるべく、私が小さいながらもビール工場を設計・建設し、醸造・販売をしてきた経験を踏まえ、一般的な日本のビール好きが持つビールの常識を、一気に世界でビール通と思われる人が持つべきビールの常識レベルにまで引き上げることを目的として書いたものである。

第一章では、ビールの歴史として、ビールの始まりから、様々なビールがいかにヨーロッパで育(はぐく)まれてきたかを、具体的なスタイルの登場ストーリーとして紹介していく。

第二章では、ビールの製造方法を説明する。ビールの製造方法はシンプルであるにもかかわらず、外来の飲料であり、国内では、たった五社しか造ってこなかったこともあり、ほとんどの日本人には知られざる世界であった。

第三章では、個々の原材料が、ビールの味や色などにどのように影響するのかを細かく説明する。第三章まで読んだあとに、もう一度、先ほどの新聞記事を読んでみていただきたい。先ほどのでたらめ広告の話を十分に理解でき、あなたが、既に、ビールの「常識」を十分に持っていることが実感できるはずである。

日本は経済大国でありながら、ビールについては寡占市場であったためか、あるいはビールの酒税が高くて割高な飲料であるせいか、あまりにも貧しい楽しみ方しか用意されてこなかった。どのメーカーのどれを飲んでもピルスナーもどきの一辺倒な味のものばかりであったので、酵母もへったくれも関係なかったのだ。確かに宣伝では、これが「本物」とか、これが「キレ」とか勝手に言葉を並べているものの、どれも同じといって差し支えないではないか。味の差異ではなく、どんな言葉と宣伝方法で営業をするか、ということのみが重要な産業になってしまった。しかも、消費者にビールの知識を正しく伝える努力をするどころか、あえて誤解させてまでも売りつけるという観さえある。こんな日本のビール市場で、いくら自分を「ビール通」だと称したところで空しい限りだ。

ドイツでは今でもビール会社が一二〇〇社程度もあり、各地で様々な伝統の味わいが楽しめる。しかも、ちょっと国境を越えれば、またぞろ、まったく異なる味わいのビールがたくさん楽しめるのだ。ドイツに限らず、ヨーロッパの国々では、昔からビールといえば様々な味わいのなかからTPOや好みに応じて選択して飲むのが常識なのだ。

日本の食生活も少しずつ豊かになり、日本人にもビールにそうした様々な味わいがあることを知る人が増えてきた。そうした真の「ビール通」のために、いわゆる地ビールと呼ばれる小規模メーカーも出てきて、最近では少しは様々なビールを楽しめるようになってきた。

第四章では、これまで日本人にとっては馴染みの少なかったタイプのビールを楽しむためのビールのヨーロッパ仮想旅行を体験していただきたい。すでに第三章で原材料とビールの味わいの関係をマスターしているので、いかなるスタイルのビールについても、特徴や楽しみ方が実感できて、思わず「ゴクリ」と唾（つば）を飲み込みたくなるに違いない。

　第五章では、冒頭で述べたようなビール鑑定についての具体的な内容を詳しく説明する。

　ビールの香り（フレーバー）というと、一般的に知られているものは、ビールの醸造者が品質管理のために用いる「オフ・フレーバー」のリストである。オフ・フレーバーというのは、好ましくない臭い、ということで、これらのオフ・フレーバーをかぎ分けるには、それなりの訓練を要する。ビール醸造に携わる者には必須であるが、一般の消費者が中途半端にこんな知識をもつと、美味しいビールまでクンクンと疑って鑑定したりして、かえってつまらなくなる場合もある。

　そこで、決してケチをつけてその場を盛り下げない、と約束してくれる人のために（そうでない人は読まないでください）、造り手の立場から、ビールの専門的な（オフ・）フレーバーについても解説する。ちょっとはプロになった気分でビールを鑑定してみるのも面白いものだ。しかし、当然、本当に鑑定できるようになるには、それなりの訓練をしなければならないので、そのような機会を提供している団体を紹介しておいたので問い合わせてほしい。

　さて、様々なビールの楽しみ方をすっかりマスターしたら、様々なビールを飲みたくなるのが人情だ。しかし、どうして日本には小規模メーカーが少ないのだろうか。しかも、これらのメーカーが登場したのも比較的最近のことだ。真のビール通がもっともっと日本でビールを楽しめるようになるために、一体何が必要なのだろうか。

第六章では日本のビールの歴史を紐解いて、ヨーロッパと一体何が違うのか、ということをご理解いただけるようにした。発泡酒とは何なのか。酒税を上げる上げないと言っているが、日本のビールへの酒税は世界標準と比べてどうなのか。日本のビール事情について、かつての容器戦争から、最近のプリン体カット商品とは何か、地ビールの楽しみ方など、最新情報も盛り込んだ。

本書を通じて、一人でも多くの皆様に本物のビールの楽しみを知っていただき、これまでの「自称日本のビール通」を遥かに通り越して、ビールの業界通も顔負けの「世界標準のビール通」になって、とことんビール人生を楽しんでいただくことを心より願っている。

ビールの教科書

第一章　ビールの歴史

【演習問題1―1】自称ビール通のAさんの話は正しいか。

A「ビールの起源ってエジプトとかメソポタミアって言われているから、今から五五〇〇年くらい前だね。それより前に生まれた人たちはかわいそうだよね。こんな美味(おい)しいものも知らなかったんだからね」

【演習問題1―2】Aさんの話は続く。

A「古代エジプトでは給料の一部がビールだったっていう記録もあるんだって。ビールを給料の一部にするなんてもちろん今じゃ考えられないことだけどね」

ビールがいかに生まれ、いかに発達してきたか。第一章では、世界史を、ビールにまつわるエポックで区切って説明する。「ボック」など、ビールのスタイルの名称がいくつか出てくるが、これらがどんなビールなのかは、ビールの造り方（第二章）、ビールの原材料（第三章）、ビールのスタイル（第四章）と読み進んでいくうちに、どんどんリアルにわかってくるので、心配しないで読み進んでいただきたい。

1　ビールの起源

史上最古のビールはどんな味？

そもそも、ビールとは何であろうか。国や時代によって様々な規定があるが、時空を越えて人類史の中でビールの本質を問えば「麦芽（ばくが）を主原料とする発泡（はっぽう）性の醸造酒」ということであろう。

そのようにビールを定義したうえで、世界で初めてビールが造られたのはいつかというと、その歴史は人類の農耕の起源までさかのぼる。人類が残した最も古い「ビール造り」の痕跡（こんせき）は、今から五五〇〇年ほど前に、メソポタミア文明を築いたシュメール人が残した楔形（くさびがた）文字に見られる。それとほぼ同時期の古代エジプト文明の壁画にも当時のビール造りの様子が記されている。これを頼りに、紀元前五世紀頃がビールの起源とする意見もあるようだ。しかし、実はこれ以前のことは記録がないのでわからないということなので、そう決め付けるのはどうかと思う。

麦などの農耕が始まったのは、考古学的な調査によると今から八五〇〇年くらい前と言われている。麦の栽培が始まれば、いつビールができても不思議ではないので、ビールの起源

オクトーバフェスト会場（ミュンヘン）――世界最大のビールの祭典

は、「今から八五〇〇年前から五五〇〇年前までのどこか」と考えたほうが自然であろう。

さて、当時のビールはどんなビールだったのであろうか。近代のビールにはなくてはならない原材料のホップが恒常的に使われだしたのは八世紀頃のドイツのバイエルン地方が最初で、さらにホップの使用がヨーロッパ全土に広まったといえるのは一七世紀である。従って、古代のビールは現在のような苦味のあるビールではなかった、ということになる。

さらに、近代のような圧力容器も冷蔵装置もなかった時代である。発泡性も乏しかったであろう。今から考えれば随分と腑の抜けたような味だったのかもしれない。私は、かつて仲間と共に、古代エジプトの壁画や文献をもとに、当時のビールに近い製法を真似て造ってみたことがある。現代の製法では、粉砕した麦芽を湯に投入して糖化するが、当時は、麦芽の粉をパンにして、パンを焼く（熱する）ことで糖化を促した。当時の道具を考えると合理的な方法であるが、糖化工程としては、今日のように、徹底的な糖化を促すことは困難である。従って、現在のビールよりも甘みが残っていたと想像される。そのままだと、特別の風味もないプレーンなものができあがる。そこで、文献にあったハーブ類を入れて造ってみたら、それなりに楽しめた。さすがに「美味しい」と商品化したくなるほどのものではないが、古代エジプトでは、添加するハーブには色々とこだわりがあったことが容易に想像できる。

古代エジプトでは、ビールは嗜好品というより、重要な食料の一つであったと考えられている。労働者の一日の給料がビール二杯とパン数塊というような記録もあるし、貨幣の代わりにビールが対価として交換されていた記録も残っている。

しかし、これらの古代ビールは古代文明の衰退と共に歴史の表舞台からは消えていき、ビールの活躍の場はヨーロッパへと移行する。

2　ヨーロッパでのビールの興り

ゲルマン民族が生んだ「エール」と「ビアー」

ヨーロッパで、早くからビールを造っていたのはゲルマン民族であると言われている。しかし、ゲルマン民族の史実というのはそんなに古いものが残っていない。今から二〇〇〇年くらい前に、ゲルマン人の生活の様子を記したローマ人の記録に、ゲルマン人が麦芽から造った酒を飲んでいる、という記述がある程度なのだ。

ローマなど、南ヨーロッパの国々ではぶどうからワインを造るのが、作物と気温から考えて合理的な酒造である。ワインの場合は、果汁がすでに糖なので、そのまま放っておいてもワインができる。麦を麦芽にしてアミラーゼを生成させたのち、湯にとくなどして糖化工程を経ねばならないビールに比べれば、酒造方式としてはずっと簡単である。だから、中世頃までは、南ヨーロッパではわざわざビールを造る必要はなかった。一方、ぶどうのとれづらい北ヨーロッパでは、麦芽を使用したビールを造ることのほうが、合理的にアルコール飲料を得る方法であったと考えられる。

ヨーロッパにおけるビールの歴史はゲルマン民族によって育(はぐく)まれてきたといってよいであろう。その始まりは、メソポタミアから引き継がれたものなのか、独自に開発したものなのかは定かでない。文献に登場する最も古いヨーロッパのビール醸造施設は、九世紀初頭のスイスのザンクト・ガーレン修道院といわれているが、そのような大それた施設ができる前からビールが飲まれていたことは間違いない。

現在の英国にあたる地域では、五世紀頃にゲルマン民族であるアングロ族およびサクソン族が移動してくるまでは、蜂蜜(はちみつ)を原料とした「ミード」と呼ばれる酒を造っていた。その後、アングロ族とサクソン族がもたらした、麦芽を主原料とする酒、すなわちビールが造られるようになると、これをミードとは区別して、「エール（Ale)」と呼んだ。甘味料として貴重な蜂蜜を使用しなくてよいエールは、当初は安物、というイメージもあったようだが、次第に英国でも主要な酒となっていく。

次節で述べるように、英国でホップが使用され出すのは中世に入ってからであり、それまで英国では、この酒（ビール）はもっぱら「エール」と呼ばれていた。現在のドイツに居座(いすわ)ったゲルマン民族の言葉では、「ビアー（Bier)」で、現在のドイツ語と同じである。ヨーロッパの初期のビールは、大陸のビアーと英国のエールとして、別々のビールの発展の道を歩んでいく。

3　ホップにまつわるビールの歴史

重宝された抗菌作用

「ビールの起源」のところで書いたとおり、苦味の素であるホップが使われだしたのは、八世紀頃のドイツのバイエルン地方が最初といわれている。当時のホップ畑の跡が発見されたことからの推定である。抗菌作用の強いホップは、アルコール度が低くて腐敗しやすいビール醸造の成功確率を一気に押し上げたことに違いない。

しかしながら、ホップの苦味というものが、どこまで当時の人々に喜ばれたかは定かでない。

ホップを大量に使えば使うほど抗菌作用は増すが、苦味も増える。苦味というのは、本来、人間にとっては望ましくない味である。抗菌作用と苦味の間のバランスを取るのには、様々な工夫があったことと思われる。近代の衛生的なプラントで造られるビールの場合、ホップの抗菌作用がなくても雑菌繁殖を防ぐことは容易であるが、現在でも自然の空中酵母(＋雑菌類)で造っているベルギーのランビックと呼ばれるビールなどでは、大量のホップが使用される。その際使用するホップは、一年以上前のものを選ぶのだ。古いホップは苦味の成分が飛んでしまっているので、ビールが苦くなりすぎずに済むからだ。

取り残された英国

ビール醸造へのホップの利用はヨーロッパ各地に広がっていったが、英国では、一七世紀までその使用が認められなかった。ホップを使用するまでは、様々な薬草が使用されていたが、英国ではそれらの薬草を「グルート」と呼んでいた。英国のビール醸造ではグルートが現在のホップのように主要な原材料だったので、当時の役人がその販売権を握っていたのだ。そこで、グルートを不要とするホップの使用を何世紀にもわたって取り締まっていたというわけだ。

英国でミード（蜂蜜酒）に代わって愛飲されてきたエールは、中世までは女性が醸造するのが普通で、醸造所兼パブ、すなわち、現在の地ビール屋さんのようなスタイルで営業されていた。このようなパブは、「エールハウス」と呼ばれており、その女主人は「エールワイフ」と呼ばれていた。

人々の生活に欠かせないエールの原材料であるグルートの販売権は、役人にとっては美味しい利権だったに違いない。エールワイフへの規制は細かくなる一方で、販売中には長さ何フィート以内の棒を軒先（のきさき）に出せ、などという規則まで作っていた。エールは、嗜好品というよりも、健康に欠かせない飲料、という位置づけであったために、質の悪いビールを造ったエールワイフは厳罰に処した。

だがその一方では、ビールの質を劇的に向上させることが広く知られていたホップの使用を認めてこなかった。グルートの販売権のためである。国民の誰にとっても無益な取り締まりの仕事を増やす一方、社会の向上には水をさす。その理由は、権力に頼って庶民の財を掠め取りたいから、という哀れな役人根性だが、歴史はいつまで繰り返されるのだろう。

ビール純粋令

さて、一七世紀以降は、英国でも晴れてホップを使用できるようになったものの、一方、ドイツでは一六世紀の初め頃には「ビールの原材料には、麦芽、ホップ、水しか用いてはならない」とした「ビール純粋令」という法令ができていた。これは当時のバイエルン王国で制定された法令だが、現在でも有効である。この法令がドイツのオーソドックスなビールのスタイルを高めていったというのは疑う余地がなく、同じゲルマン系の民族でありながら、「ビールといえばドイツ」というように、いまだに英国はビールではメジャーな存在になり得ない。

とはいえ「ビール純粋令」の当初の目的は、ビールの味を保つためではなかった。食糧難だった当時にビール醸造に小麦が用いられないようにし、小麦を確保することが目的だったのだ。小麦は大麦に比べると麦芽にしづらいため、原料を「麦芽」と定めたのだ。

この法規制の当初の目論見はいつしかその意味を失っていったのであるが、何故かドイツ人はこの原材料の規制にこだわり続け、今日の正統派ビール王国を築き上げたのだ。法を大切に考えるドイツ人気質、としか言いようがない。

さて、まずはホップに焦点をあててヨーロッパのビール史を見てきたが、現代のビール醸造では、ホップを使用する第一の目的は苦味成分、第二は香り成分の抽出である。従って、ホップは新鮮なほうが良いので、真空パックされて保存している。そうしないと、爽やかな苦味や香りが得られないのだ。近代ビールになくてはならないホップであるが、時代と共に、その役割は変遷している。

4　ラガーにまつわるビールの歴史

ラガーの発見

ビールを大別すると、「エール」と「ラガー」に分かれる。これはビール酵母による違いであるが、詳細は第三章で説明する。

ドイツをはじめ、現在の世界的なビール市場で主流となっているのは、ラガー・ビールだ。これは、キリンのラガーという商品のことではない。日本の大手メーカーのほとんどの商品も、ラガーという種類に属するのだ。

しかし、歴史的には、ラガーはエールよりもずっと歴史が浅い。ラガー・ビールの製法が発見されたのは、一五世紀後半のバイエルン地方である。「冬の間保存しておいたビールを春に出してみたら妙にうまかった」というのがこの大発見のきっかけだった。

ビール王国、バイエルンへの道

今では「ビールの都」などといわれているミュンヘンを中心とする南ドイツのバイエルン地方だが、実は一六世紀くらいまではドイツの中でもビールの品質が悪いといわれていた地域だった。それまでは、ビールで欧州に名を馳(は)せていたのは、ドイツ北部であった。なかでも、アインベック、ドルトムント、ケルンなどの都市からは、欧州各国へ盛んにビールが輸出されており、ドイツがビール王国であるという基礎を築いたのは、実はミュンヘンではなく、これらの都市なのだ。

現在「ドイツ」として一つになっているこの国も、かつてはプロシア公国、フランク王国、バイエルン公国、オーストリアなどに分かれていた（オーストリアは今でも独立しているが）。ビールの品質で遅れをとっていたバイエルン王国であるが、ラガーの醸造法を発見したからといって、それがすぐに新たなビール時代の幕開けとなったわけではない。

現在でもバイエルン地方の言葉は方言が強く、自らを「ジャーマン」ではなく、「バーバリアン（バイエルン民族）である」と言い張るほどの地元意識があるくらいだから、国が分かれていた頃には、同じゲルマン民族として大いなる対抗意識があったに違いない。実はこの対抗意識なくしては、今日のビール王国、バイエルンは語れないのである。

それまで、北ドイツに負けっぱなしのバイエルン地方は、一七世紀以降、大逆転に成功する。そのきっかけとなったのが、バイエルン版「ボック」ビールの開発プロジェクトである。

ボック・ビールは、現在ではバイエルン地方のラガー・ビールの一つとしてすっかり有名になっているビールだが、もともとは北ドイツにあるアインベック市で造られたものが有名だったのだ。

なぜ、ボックはバイエルン地方の有名なビールとして定着するようになったのか。これは単なる偶然や自然の成り行きではなく、当時の王室肝入りプロジェクトの成果だったのだ。一六世紀の終わり頃、バイエルン公国は、「品質の良いビールは北ドイツ産」というそれまでの評判を覆そうとして、アインベックのビール（ボック）を真似する計画を立てたのである。

そこでまず始めたのは、専用の立派な醸造所を作ること。そのときに作られた醸造所こそ、世界のビール好きが訪れる、あの「ホーフブロイハウス」なのだ。今ではすっかり、ミュンヘンの代表的なブルーハウス（日本でいうところの地ビール・レストラン）として観光名所になっている。また、ここは、一九二〇年にヒトラーがナチスの旗揚げ演説を行った場所としても有名である。そんなこともあって地元の人はあまり見かけないが、ここで造られたボックが今日のバイエルン＝ビール王国の基礎になったことは事実であり、今でも濃厚で美味しいボックが楽しめる。

さて、一七世紀に入って、この王室醸造所のビールは市民にも開放され、市民醸造所となる。今でいう民営化のようなものだ。その一年後、王室は本格的なボック・ビールの醸造を目指し、この醸造所にアインベックから醸造家を招く。そして一六一四年に、本場・アインベック流のボック・ビールがバイエルンで産声（うぶごえ）をあげたというわけだ。

それからもミュンヘン一帯は、ホーフブロイハウスを中心に互いに切磋琢磨（せっさたくま）しながらビールの醸造に力を入れてきた。遅くとも一九世紀になると、バイエルンはドイツの中でもビールの美味しい地域と言われるようになり、ついに「ボックはバイエルンの地ビール」と言われるまでになっていたのだ。

現在のホーフブロイハウス

ボックがラガーになったわけ

さて、すっかりバイエルン地方の代表的な「ラガー・ビール」として定着したボックなのであるが、実はこのボック、アインベックで造られていた当時はエール・ビールであった。かつてエール・ビールであったボックは、なぜラガー・ビールになったのであろうか。エールとラガーの醸造方法の差は第三章で詳しく紹介するとして、ここでは、当時何が起こったのかを見ておこう。

先に述べたようにラガー・ビールの醸造法が発見されたのは一五世紀のバイエルン地方であり、一六世紀になると、バイエルン地方の醸造家の間では、エール（上面発酵）とラガー（下面発酵）という二種類の醸造方法の違いが認識されるようになっていた。しかし、この当時は酵母が微生物であることは知られていなかったので、それが酵母の種類の違いであることなど、分かるはずもなかった。もっとも「ビール純粋令」に酵母の記述が無いので、当時は酵母がビールの「原材料」であるという認識すらなかったのだ。

当時のビール醸造では、醸造後にタンクに残った「残しビール」といわれる物質（高濃度の酵母）や、醸造所に棲み着いた自然酵母を利用していた。ラガー・ビールを盛んに造っていたバイエルン地方では、麦芽とホップはアインベックのボックに真似たものの、酵母は原材料という意識がなかったので、自然の成り行きのなかでラガー酵母が利用されていたと考えられる。当時のボック模造プロジェクトの目的は、アインベックのものを徹底的に真似することだったので、意図的に酵母を変えたとは考えづらい。

その後、一九世紀に入り、エールとラガーの違いが微生物学的に発見されたときには、「ボックといえば（アインベックではなくて）バイエルン」という評判がすっかり定着していた。このため今日では、「ボックはミュンヘン」という評判とともに、「ボックはラガー」というのが定説となってしまったのだ。

一方、お家芸「ボック」の名声を取られたうえ、本来エールであったビールが、ラガーであるとまでいわれてしまったアインベック市であるが、こちらは、今でもエールのボックを造っている。これもゲルマン魂というものか。

その一方で、バイエルンでラガーが評判になると、それまでのエールからさっさとラガーに鞍替え（くらが）したところもある。静かなるラガーの傑作、ドルトムンダーを造っているドルトムント市の醸造所である。アインベックのボックやデュッセルドルフのように古い（エール）タイプにこだわることもなく、かといって、世界に先駆けてラガーを造ったミュンヘンのような派手さもないのだが、したたかなドルトムント市は、現在ドイツでもっともビール醸造量の多い町になっている。

5　産業革命にまつわるビールの歴史〜英国編

インディア・ペール・エール

ホップで出遅れた英国は、開き直ったのか、ラガーブームを気にもとめず、独自にエールを洗練させていった。英国人にとってもビール（エール）はなくてはならない存在であり、一八世紀の植民地時代には、海をわたり、インドまで運ばれるようになっていた。

英国からインドまでの長い道のりを、船で五ヵ月もかけて運ぶのだ。航路には途中、赤道直下を通るところもあり、ペール・エール（英国特有の淡色のエール。第四章参照）は長期間、異常な高温多湿の環境に閉じこめられた。

当時はまだ微生物の存在が分かっていなかったため、低温殺菌などの長期保存技術がなかったし、冷蔵技術もない。ペール・エールは船に揺られている間に、異常に酸っぱくなったり、時には飲んだらとんでもないことになってしまうくらい腐敗することもあったようだ。

そこで考え出された腐敗を防ぐ手段が、次の二つだ。一つはホップを大量に投入すること。もう一つはアルコール度を高めることだ。このように味よりも実用性を追求して誕生したのが、インディア・ペール・エールというスタイルである。

アルコール度の高いビールを造るには、アルコールの素となる糖分を多くするために麦芽をたくさん使用する。この当時に造られていたインディア・ペール・エールは、現在の一般的なビールの二倍近い量の麦芽を使用していた。

大量の麦芽を用いて仕込まれたインディア・ペール・エールは、発酵を終えてから輸送用の樽(たる)に詰められる。しかし輸送中、高い温度条件下におかれているうちにさらに発酵が進み、アルコール度は七％から九％程度に達し、最終的には甘味がほとんどないビールに仕上がるのだ。

また、ホップも殺菌作用を高めるために現在の一般的なビールの七倍前後と、かなり大量に使用していた。ベルギーのランビックのように、ホップを一年以上寝かせて苦味を減少させるということもしなかったようなので、こうしてできたインディア・ペール・エールの苦味は、想像を絶するような強烈なものだったと考えられる。アルコール度が高く辛口で、猛烈に苦いインディア・ペール・エール。強烈な味のビールである。

それでもインドに渡った英国人はこのビールの発明を大歓迎したようだ。それは英国人の味覚の問題ではなく、それまでにインドに到着したビールの状態があまりにもひどいものだったこと、水の衛生状態が良くなかったためできるだけ生水(なまみず)を飲みたくなかったからなのだ。当時の苦労がしのばれる。

現在では、こんなに強烈な味のビールを造る必要はないが、「苦味派」のために、当時よりもずっと「常識的」な範囲に押さえたスタイルで、インディア・ペール・エールというビールが造られている。日本の地ビール・メーカーでも、横浜ビールなどがこのスタイルを出している。

新時代を象徴する「ポーター！」の叫び

ポーターは、第四章でも説明するが、アルコール度はやや高めで、芳醇な味わいである。ここでは、当時の時代背景を偲びながら、ポーターという名前の由来について紹介しよう。

産業革命と共にロンドンで「合理性」を追求して造られたこのビールは、ブレンドの手間をかけることもない安価な商品で、当時の労働者にも手軽に親しまれた。「ポーター」という名前の由来は、こうしてポーターを愛飲した労働者（港で荷物を運ぶ労働者）に好まれたのでつけられた、という説がある。

しかし、名前の由来には別の説もある。当時大流行したこのビールを工場から運んで来た運び屋が、パブに着くと、“Porter!”（「運び屋です！」＝「ビール持ってきました」）と叫んでいたことから、「ポーター」と呼ばれるようになったという説だ。

ポーターの製法上の特徴は、大型のタンクで一気に造り、半年程度の長期貯蔵をすることだ。それまでのエールは、一般には一〜二週間程度で造って出荷していたものが多いことを考えると、まったく新しい製法である。この製法を低価格で実現するために、大規模な設備でのビール製造が幕をあけたのだ。産業革命初期に、英国ビール産業を、エールハウスごとの地場産業から大量生産型の装置産業へと変身させるきっかけを作ったのがポーターだった。

その画期的な大規模販売・流通が誕生した時期、「ポーター！」とあちこちで叫ばれる姿は、新しい時代の到来を印象付けたのではないだろうか。こんなことを勝手に想像し、私としては、「ビール配達人説」が正しいのではないかと思っている。

ちなみに、『ビール世界史紀行』（東洋経済新報社　村上満著）では、労働者説を否定する根拠がいくつか挙げられている。しかし、労働者説を紹介している本もある（大修館書店の『世界ビール大百科』など）。タイムマシンでもない限りこの話の結論は出ないであろう。

しかし、タイムマシンが存在しないというのも良いものだ。「ポーター」の由来は、私たちそれぞれが想像を膨らまし、自分で納得する説を見付けるのが一番だ。「ポーター」を片手に、少し酔った頭で名前の由来について勝手なストーリーを作ってみるのも楽しいものだ。

ギネス社の新しいポーター、スタウト

ロンドン生まれのポーターが一八世紀に大流行した頃のことである。このビールは大量生産型だったため、あっという間に英国中に広まり、やがてアイルランドにも輸出されるようになった。その結果、このポーターを研究しつくし、苦労の末にオリジナルのポーターを越

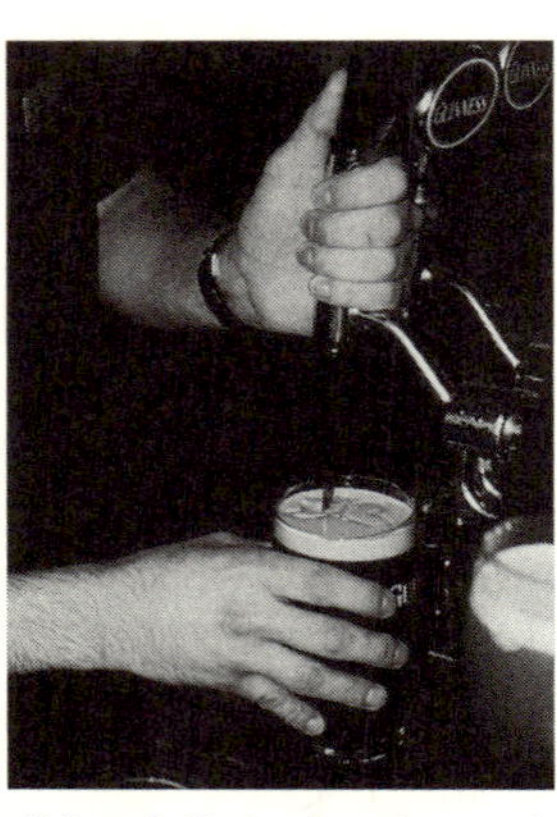

ギネス本社で。シャムロック（アイルランドの国花、三つ葉のクローバー）の模様を泡の上につけている。ギネスには注ぎ手の専任職人もいるのだ

えるビールを開発した会社がある。アイルランドのビール醸造会社、有名な「ギネス」だ。

ギネスが開発したポーターはオリジナルよりも原材料を多く使用し、味わい、アルコール度ともに強いものだった。これが「スタウト（stout＝強い）・ポーター」の発祥だ。

第三章のビールの原材料のところで詳しく説明するが、ベースに淡色モルトを使いスペシャリティーとして色の濃いモルトを使用する、というのは、今日では当たり前の手法になっている。しかし、後には常識になるほどのことでも、最初に考え出すのは大変なことだ。このビールの誕生には、ロンドンから輸入されたポーターに対する、アイルランド人の巻き返しへの執念が込められているように思えてならない。

世界へ飛びたったスタウト——ギネス・ブックの誕生

その後、ギネスは最初に発売したスタウトよりもライトなタイプのドライ・スタウトを出

し、ますますファンを増やしていく。ドライ・スタウトの誕生は、麦汁濃度に比例する税制改革から逃れる手段であったそうだが、まあ、結果オーライというわけだ。

そして、英国が誇るギネスのスタウトは、英国の植民地政策と共に世界に広まってゆき、スタウト誕生から一〇〇年後の一九世紀末には、ギネスは世界最大規模の工場を持つようになる。一九五五年には「ギネス・ブック」を出版するほど、世界的にも有名な会社になった。

しかし、なぜビール会社があらゆる世界一を記した「ギネス・ブック」を出版するようになったのかご存じだろうか？

これは一九五一年、当時のギネス社のマネイジング・ダイレクター（社長のようなポジション）であったビーバー氏（Sir Hugh Beaver）が狩りのパーティーで、「一番速い猟鳥は何か」という質問を投げかけたことから始まる。

「それはライチョウだ！」「いや違う！」だの何だのと、ビールを飲んでできあがってしまった人たちの議論は止まらない。そこでビーバー氏は、ビール会社として、このような質問に答える本を出すのもよかろう、と考えた。そしてその四年後、一九五五年には、独自に調査をした結果をまとめた「ギネス・ブック」を創刊したのだ。これが英国で一躍ベストセラーとなり、今日に至っているとのことである。

6 産業革命にまつわるビールの歴史〜ドイツ・チェコ編

淡色麦芽の登場

日本人であれば、ビールと聞いてイメージする色は黄金色であろう。しかし、黄金色＝淡色のビールというのは、案外、歴史が浅い。一五世紀にラガー・タイプの醸造法が確立した当時は、ビール造りにはもっぱらローストの濃い麦芽が使われていたので、人類史上における記念すべき大発見であった最初のラガー・ビールは、意外にもデュンケル（＝黒）であった。

一九世紀になって、様々な技術革新が進む時代の流れのなか、モルト焙燥（ばいそう）技術も発達した。その結果、それまでは濃色一辺倒だったのが、色の淡いモルトが出回るようになったのだ。こうして、デュンケル（黒）一辺倒だったラガーが、バイエルンの大都市ミュンヘンで洗練されていき、やがて赤みがかった「ミュンヘナー」と呼ばれるスタイルに変遷していった。

だから、ドイツのケルンの特産ビールである「ケルシュ」が淡色ということは、やはり一九世紀後半に誕生したビールであるということだ。したがって、ドイツのエールといえども、ケルシュは古い（アルト）ビールではない。南ドイツやボヘミア地方ではラガーがブームになっているなか、北ドイツでも、最新鋭の淡色モルトを使いつつ伝統的なエールの製法で、最高のビールを造ってやろうじゃないかと意気込んだのではないだろうか。ケルン市では、その製法を法律で定め、ケルン市近郊の限られた醸造所以外のところが勝手にケルシュを造らないよう法的措置を講じている。バイエルンへの対抗意識に思えてならない。

ラガーの傑作「ピルスナー」誕生

一九世紀半ば、そんな淡色モルトを使用して、バイエルンで発達したラガーの醸造法を真似して新しいビールを造った町があった。バイエルンの東、チェコのボヘミア地方のピルゼン市である。

(上) ピルゼン市民醸造所の入り口
(下) かつて使われていた洞窟内の発酵室と発酵樽

ピルゼン市民によるビールの醸造は一三世紀頃から始まっていたといわれており、一四世紀のボヘミア国王によるホップ栽培の振興がザーツ地方をホップの名産地に育て上げていたのだ。

バイエルンの水は硬水であったのに対し、ピルゼンの水は軟水であった。もともとは、ピルゼンの人たちも、バイエルンにあったソフトなラガーを目指したのかもしれないが、同じ味のものはできなかった。ところが、ボヘミアのザーツ地方は苦味の利いたホップの名産地であり、ピルゼンの軟水が期せずしてこのザーツホップの苦味をバランス良く引き出し、バイエルンのラガー醸造技術と見事に調和して、それまでにない、ビールの新境地を生み出したのであった。

こうして、軟水との出会いにより生み出されたのが、ラガーの傑作「ピルスナー」である。

冷蔵技術の発達

しかし、ピルゼンでは、この数百年前からビールを造っていたわけで、ここが突如として脚光を浴びたのが、淡色モルトの登場のせいばかりだとは考えづらい。

一九世紀半ばといえば、産業革命の影響がヨーロッパ中に伝播し、冷蔵技術がビールにも応用された時期である。消費行動においても、「ビールを冷やして飲む」という画期的なスタイルを生み出した。苦味と爽快感のバランスを売り物にするピルスナーが広く受け入れられた背景には、冷蔵技術というイノベーション（技術革新）があったと私は考える。

また、産業革命と共にビール醸造は近代化の道を歩み、冷蔵技術によって、季節や地域を問わずにビール工場を建設できるような変革がなされつつあった。気候にかかわらずビールを低温で発酵・熟成させることが可能になったからである。産業革命後期のビール産業の、イノベーションによる製造と消費のスタイルの変革は、ラガーであるピルスナーの醸造法を世界各国に急速に広めていった。

こうして世界のビールの主流は、それまでのエールから一気にラガーへと移っていったのである。

さて、ミュンヘナーの醸造法が、おとなりチェコのピルゼン市に真似され、そのビールが「ピルスナー」と呼ばれ大ヒット商品になるのである。本家のバイエルンの人たちも、これにはびっくり。何とか本家の面目（めんもく）を保ちたかったに違いない。

ピルスナーは、今日のラガーの特徴である「すっきりさ」を前面に出したビールだ。一九世紀以前のビールの歴史をみると、どちらかというと、麦芽をしっかり使用している、すなわち味がしっかりしているビールが好まれていたようだ。しかし、一九世紀後半以降、冷蔵技術の発達に伴い、新しいビールのスタイルが好まれるようになってきた。ドイツの「ヘレス」は、そうした背景から生まれたビールと考えられる。

酵母の発見

同じ頃、フランス人の微生物学者パスツールによって、発酵が酵母という微生物の働きであることがつきとめられた。それをきっかけに、酵母の純粋培養法が発明されたことも、ビール醸造が世界に広まるきっかけを作った。また、低温殺菌法の確立も、ビールの保存状態を押し上げて、大量生産と物流への道を大きく切り開いた。

第六章で詳しく述べるが、産業革命時のイノベーションの波に乗ったビール産業は、明治時代の到来とともに日本にも上陸した。こうして、古代メソポタミアあるいはエジプト文明に始まり、ヨーロッパの文明とともに育まれてきた食文化である「ビール」は、現在、もっとも手軽なアルコール飲料として、日本をはじめ世界各地で楽しまれているのである。

ビールの現物支給

さて、ビールの起源から、今日世界で飲まれているビールがヨーロッパでいかにして変遷してきたかをここまで書いてきた。だが残念ながら、メソポタミアやエジプトのビールとヨーロッパのビールを結ぶ空白の時間を埋める史実はない。ただ、一つだけ、エジプトに残された話でひっかかることがある。これは何ら歴史的な接点といえるものではなく、余談に過ぎないが、最後に紹介しておきたい。

それは、「ビールを報酬の一部とする」というところである。これは今でも残っている。

私の尊敬する河合俊幸シェフ（千葉市でレストラン「バーデン・バーデン」を経営）が三十数年前、ドイツを始め、ヨーロッパ各地で修業中のときの話である。当地では給与とは別に、役職によって一日に支給されるビールの本数が決まっていたそうである。レストランで一番偉い「シェフ」は一日に三本（小びん）、その下のセクション・シェフは二本、通常の社員は一本、見習いは〇本ということであった。この習慣はレストランだけでなく、ビール醸造所でもよくある話だ。

現在、日本に技術指導に来ているドイツ人のブラウ・マイスター（醸造責任者）と日本の小規模ビール・メーカーとの間の契約書には、給与と併記して、支給されるビールの数量が示してあることが多い。私の友人のドイツ人は、月に六〇リットルを自己飲料として無償で支給される契約になっている。なんと、一日平均二リットルである。

第二章　ビールの造り方

【演習問題2―1】ビール通であるあなたは、ビール通でないAさんの問いに明快に答えよ。

A「ビールは麦が原料だって聞いたけど、麦焼酎も麦からできている。焼酎が蒸留酒だってことは知ってるけど、麦焼酎って蒸留する前はビールだったってこと?」

【演習問題2―2】Aさんの質問は続く。

A「レストランで樽からジョッキに注がれるビールを生ビールっていうけれど、缶とかびんでも『生』ビールとそうでないビールがあるよね。大手ビール・メーカーから販売されている生ビールは、『生』といってもビール酵母は入っていないそうだ。なら、いったい何が『生』なの?　それで何がウレシイの?　『生』じゃないのは美味しくないの?」

ビールの原材料といえば、麦芽(＝モルト)、ホップ、酵母、水、それから、コーンスタ

ミュンヘンの地ビール・レストラン「パウラナー・ブロイハウス」で
——奥に仕込み釜が見える

ーチなどを思いつくであろう。まずは、これらの原材料がどのように使用されてビールになるのか、つまり、ビールの製造工程を紹介しよう。

1 製麦・焙燥

芽を出させ、乾燥させる

製麦（せいばく）という言葉は誤解されやすい。これは、なにも畑で麦を作ることではない。ビール製造用語でいう「製麦」とは、「麦から麦芽（ばくが）を作ること」である。

では、麦芽とは何か、というと、麦が糸のような細い芽を一センチ程度出した、もやしの一歩手前程度のものを乾燥させて、植物としての生命機能を停止させたもののことである。平たくいうと、それ以上芽が伸びてくることがなく、長期保存に適した状態になったものが、ビールの原材料としての麦芽（＝英語でモルト“malt”）である。

この麦芽を作るには、まず、麦を水に浸（ひた）す。四〇時間から六〇時間程度で、芽が見え始めたところで水から引き上げる。なおも加湿を続けながら、通気を良くして発芽を促（うなが）す。四日から長くても一週間たつと、芽が、麦そのものの長さの半分よりもちょっと長い程度に育つ。この状態の麦芽を、グリーン・モルトと呼んでいる。

グリーン・モルトは、通常は芽の長さが、麦の長さに達する前に焙燥室（ばいそう）に移動される。

焙燥というのは、コーヒー豆などの「焙煎（ばいせん）」と通常の「乾燥」の中間くらいの処理である。焙燥は、最初は五〇度C以下の温風で乾燥を進めていき、最後は、八十数度Cまで温度をあげてちょっと色が小麦色になったところで工程は終了である。色の濃いビールを製造するときに使用する麦芽は見た目にも黒く、このような麦芽を作る場合の焙燥の一般的な最終温度は一二〇度C程度である。

なぜ麦から麦芽へ？

さて、麦は、なぜ麦のままではいけないのであろうか。当然ながら、わざわざ麦芽にするには訳がある。

「麦」はそもそも自然界で冬を越すための長期保存要件を満たした「植物の種」である。成分の多くはでんぷんという形で蓄（たくわ）えられている。でんぷんというのは、糖の分子がたくさんつながったようなもので、大きな分子構造のものである。そして、春になって芽を出すにあたっては、でんぷんをエネルギーとして使いやすい糖に分解してから、茎、葉、根などを作っていく。大きな分子であるでんぷんを、小さな分子の糖類に分解するのがアミラーゼという酵素である。

つまり、麦は春になって水を吸収すると、自然とみずからの中にアミラーゼなどの酵素を作り始めるのである。麦にはタンパクもあるが、タンパクを分解する酵素もこのときに作られる。このように、麦の主成分を、みずから小さな分子に砕く酵素を作らせることが「製麦」の狙いである。

アルコール発酵というのは、酵母が糖類を食べて、アルコールと炭酸ガスに分解する工程であるが、酵母はでんぷんのような高分子を食べることができないのである。そこで、でんぷんを低分子に変えてくれるアミラーゼなどの酵素類を麦自身に製造しておいてもらうのである。

さて、こんな事情で作られる麦芽であるが、麦を収穫したからといって、水をやればすぐにアミラーゼを作り出してくれるわけではない。麦はそのままで冬を越せるようにできているので、何ヵ月も保存してからでないと、そう簡単に芽を出そうとはしないのである。ところが、ビール産業界としてはそんな悠長なことはいっていられない。そこで、麦を冷蔵庫に入れて強制的に「冬」を体験させてから、暖かいところに置き、「春」が来たと勘違いさせて、水に浸す工程に入る。

そうまでして麦に発芽させるのであるが、酵素類ができたからといって、その酵素がでんぷんに作用して、茎や根をどんどん作られてしまっては、ビールにする部分が無くなってしまう。そこで、酵素が作られ、さて、これから本格的に茎や根を作ろう、というところで焙燥にまわして成長を止める、すなわち殺してしまうのである。このように表現すると残酷に聞こえるかもしれないが、そう思われたなら、ビールを飲むときに、その気持ちを麦への感謝の気持ちに振り替えられると、いっそう美味しく飲めるというものである。

アミラーゼを実際にでんぷんに作用させて、酵母が消化可能な大きさ（マルトースのような二糖類。でんぷんは多糖類）を作っていく工程を「糖化（とうか）」と呼ぶが、これは、ビールの仕込みのときに行う。製麦工程では、麦芽の中に、もともとのでんぷんと新たにできたアミラーゼなどがそれぞれ、別の場所に存在している状態で乾燥し、長期保存するのである。

麦焼酎のアルコール抽出法

余談であるが、補足の知識として、麦焼酎の麦はどうなっているのか、比較のために簡単に紹介しておこう。

日本や中国では、麦のでんぷんを糖化させるのに、麦自身の発芽によるアミラーゼを利用することは発見されなかったようだ。その代わり、ヨーロッパの人からみれば「ファンタスティック！」と思えるような技術を開発していた。それは、「麴菌（こうじきん）」の利用である。蒸（む）した押し麦に麴菌を振りかけて、麴菌の作用によって、糖化させるのだ。その後、酵母によって発酵させてアルコールを得る。

つまり、二つのまったく異なる菌による発酵を組み合わせた、二段式の発酵工程を経るのである。焼酎は、さらにそれを蒸留して、アルコール分を高めたものである。

2　仕込み——糖化とホップ投入

麦汁の抽出

仕込みは通常、一日で終了する工程である。まず、麦芽を粉砕し、五〇度C程度のお湯に浸していく。粉砕した麦芽は濾過器を通して、湯で濾すことにより、中の成分である、でんぷんや酵素類が抽出されるのである。

お湯は麦芽と並行して投入していくが、通常は、麦芽の投入のほうがずっと先に終了する。粉砕された麦芽はざるのようにさらさらとお湯を通すわけではない。一回の仕込みに必要な麦芽の全量を投入し終わると、その中にお湯はたまりながら、ゆっくりと麦芽の成分を溶かし込みつつ流れていく。

徐々に麦芽から抽出される成分は減ってくるが、完全に抽出物がなくなる前にお湯の投入を止める。一回の仕込みに必要なお湯の量に達するまで、しつこく抽出を続けてもよさそうなものだが、麦芽中にはタンニンも含まれており、この抽出が増えると、渋みが出るので、途中でやめるのである。と言っても、でんぷんなどはほとんど抽出されているので、惜しむような歩留まりではない。

濾し取った麦芽からの抽出液の糖度は高く、後に発酵して適正なアルコール度数になるように、お湯を追加する。こうしてできたものを麦汁(ばくじゅう)と呼ぶ。

糖化によるでんぷんの分解

麦汁は、まず五〇度C程度の温度を一時間程度保持することにより、麦芽中に少々含まれているタンパクを分解させるのである。この段階で麦芽の中には、アミラーゼの他にも、自身がもつタンパクを分解する酵素も作られているのである。五〇度C程度に保つのは、その温度がこの酵素が活躍するのに適した温度であるからである。この工程をプロテイン・レストと呼ぶ。

その後、麦汁は六七度C程度に昇温し、一時間強保持する。この温度はアミラーゼがでんぷんを糖に分解するのにちょうど良い温度なのである。こうして、麦をわざわざ麦芽にした威力が遺憾なく発揮され、多糖類であるでんぷんが、後ほど酵母が食べることができるサイズの二糖類に分解されるのである。

ドライな味わいのビールを造るには、ここで、徹底的に酵素の力を利用してでんぷんを発酵可能な糖類に変えてしまう必要がある。逆に、深い味わいのビールを造るには、あまり糖化させすぎないようにする。

粉砕した麦芽の投入

このように、糖化もむやみに長くすれば良いというわけではない。造りたいビールにあわせて、糖化を止めるタイミングを設定するのである。

糖化を止めるには、単純に昇温すればよい。アミラーゼはタンパクなので、七〇度Cを超えると失活する。通常は、七八度C程度まで一気に上げる。この温度に上げることで、アミラーゼは完全に失活すると同時に、麦汁の粘性を下げる効果もある。この段階では、麦汁の中にはまだ麦の殻も少しはまざっているので、次の工程である煮沸釜に移動するときにフィルターを通す。麦汁の粘性が高いままだと、フィルターが詰まりやすいのだ。

煮沸——苦味ホップの投入

煮沸釜に麦汁を移動したら一気に一〇〇度Cに昇温し、まず苦味用のホップを添加する。煮沸の目的は、主に二つ。一つはホップの苦味を引き出すこと。もう一つは、麦汁に含まれているタンパクを凝固させて取り除くことである。

タンパクはビールにとってはあまり望ましくない味をもたらすと考えられている。特に、すっきりした味わいには大敵だ。しかし、栄養素という観点で見れば、これらのタンパクにはポリフェノール類も含まれる。ポリフェノールは赤ワインに含まれていることで一時期話題になったように、抗酸化物質でガンを予防する効果があるなどといわれていることから、あったほうが喜ばれるかもしれない。ヨーロッパの比較的味わいの濃いビールでは、タンパクがある程度残っているものも見受けられるが、いずれにしても、大した量ではない。

次に、ホップからどのようにビールの苦味成分が作られるかについて説明しよう。

苦味の素は、ホップに含まれるアルファ酸である。しかし、アルファ酸は水に溶けにくいうえ、それほど苦く感じないのだ。これが加熱されることによって化学的な性質が変化（異性化）してイソ・アルファ酸になることで、水溶性の苦味成分となるのだ。

また、煮沸においてはぐつぐつ煮るのでなく、激しく沸騰させる。こうすることで不要な油分を飛ばすこともできるからである。余談であるが、私は、この「激しく煮沸」というのは、小さな醸造所では特に重要なポイントだと思っている。残念ながら小さな醸造所に行ってたまに見かけるのは、温度を一〇〇度Cに設定して、吹きこぼれない程度にボイラーの出力を設定して、煮沸時間の一時間なりをそのまま放置してしまう醸造家がいることである。

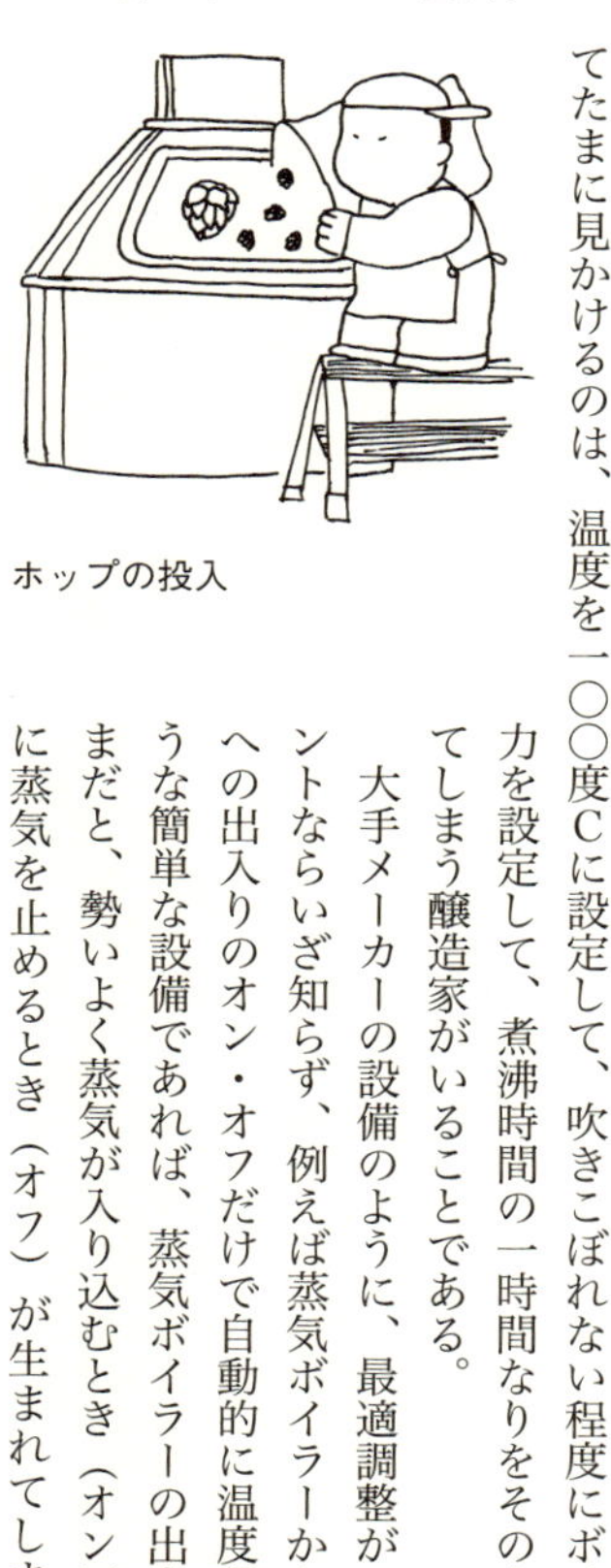
ホップの投入

大手メーカーの設備のように、最適調整ができるプラントならいざ知らず、例えば蒸気ボイラーからのタンクへの出入りのオン・オフだけで自動的に温度調整するような簡単な設備であれば、蒸気ボイラーの出力が高いままだと、勢いよく蒸気が入り込むとき（オン）と、完全に蒸気を止めるとき（オフ）が生まれてしまうのである。こうなると、オンのときは、激しく沸騰するが、吹きこぼれる前に完全に蒸気がストップし、九九度Cに下がるまでは、ぐつぐつ大人(おとな)しく煮詰めるような時間となってしまう。これでは不要な油分を吹き飛ばすことができず、結果として、すっきり感に欠けるビールとなってしまう。場合によっては、バター臭に近いような感覚を与えてしまうのだ。

従って、このようなプラントでは、オン・オフの自動調整に頼らずに、マニュアルのバルブで微妙に蒸気を絞っていき、絶えず少しずつ蒸気を送り込み、激しい煮沸状態が継続するようにするのがベストである。ある程度慣れてくると、最初の五分から一〇分の間でこのマニュアル調整を済ませれば、その後は調整しなくても大丈夫であるが、何せマニュアルバルブであるから、熱で緩んだり締まったりすることもあるのだ。一〇回の仕込みに一回くらいは、途中で調整することになる。

私が仕込みを行っていたときには、煮込みの間、仕込み室を離れることはなかった。大抵、その間に食事をするのだが、隣の部屋で、仕込み釜の見えるところで食べていたし、何度も何度も中をのぞきながら煮沸をしていた。地ビール醸造所が「手造り」というのは、こういうことを言うのだと思うが、その労を惜しむようなら、大きな醸造所を持って、装置産業として戦うしかなかろう。

アロマホップの投入、発酵タンクへの移動

煮沸は一時間から二時間で終了し、火を止める前後に、アロマホップ（香り用のホップ）を投入する。香りの成分は、苦味の成分とは違って油分なので、煮込むと蒸発してしまう。従って、煮込み終了時に投入するのだ。

麦汁は、凝固したタンパクやホップの樹脂などを濾過し、冷却しながら発酵タンクに移動する。システムによって異なるが、濾過の前に、麦汁を別の円筒型のタンクに移動することがある。その際、タンクの側面から、円筒の接線方向に麦汁を投入して、移動したタンクのなかで渦巻き状に麦汁を旋回させる。麦汁の移動が完全に終了しても、そのまま放置すると、渦巻きの作用で、タンパクなどの不要固形物が中央付近に沈殿するのだ。

この工程をワールプールと呼んでいる。ワールプールを行うと、発酵タンクに移動する際に通る、濾過器と熱交換器での目詰まりが少なくて済む。

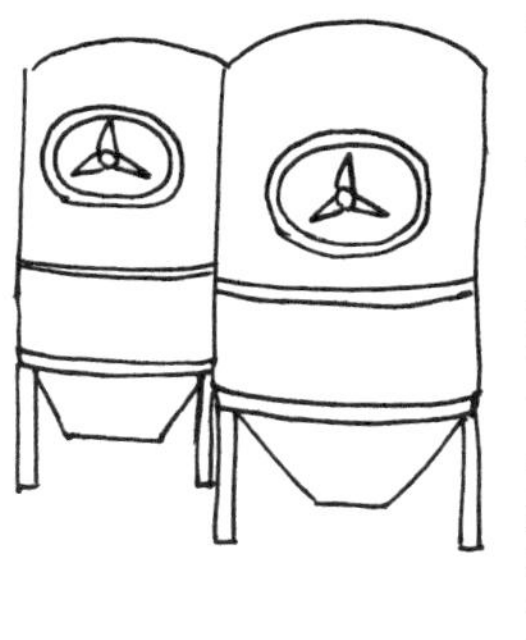

発酵中

3　発酵によるアルコール生成

酵母の投入

発酵タンクに移動した麦汁には酵母が添加され、発酵することになる。発酵温度は、酵母の種類や造りたいビールの味によって異なる。一般的なラガーでは、五度Cから一〇度Cの間であることが多い。エールでは、一八度Cから二二度Cくらいまでが一般的である。

酵母にとって、発酵タンクのなかでの麦汁との出会いは、理想の楽園にたどり着いたようなものであろう。ライバルとなる雑菌類もなく、周りにあるのは、大好きなエサばかり。そこで、酵母は麦汁中の酸素を吸い尽くすまで吸いながら、その後の炭水化物代謝をしながらの細胞繁殖に必要な物質を麦汁から吸収する。これが最初の数時間、まるで嵐の前のような静けさの中で着々と行われるのである。

一次発酵で「ビール」へ

この段階を過ぎると、いよいよアルコール発酵が始まる。半日くらい経つと、酵母の増殖も始まり、一日も経てば、発酵による二酸化炭素の気泡が麦汁の表面を覆う。それから数日間は激しく発酵し、麦汁の表面はクリームのような泡に覆われる。この部分はクロイゼンと呼ばれている。

約一週間で酵母にとっての「エサ」は食い尽くされ、アルコール発酵は終了する。「エサ」というのは、麦芽中のでんぷんが自らのアミラーゼで分解されてできた、マルトースなどの二糖類のことである。つまり、発酵前は甘い汁だった麦汁の甘い成分が酵母によって食べられて、その代わりにアルコールができていた、というわけである。

発酵の間の温度管理というのは、造りたいビールの種類によって異なる。まずは、エール酵母を使う（エール・ビール）かラガー酵母を使う（ラガー・ビール）かによって大きく分かれる。エールであれば、おおかた一八度Cから二二度C程度、ラガーであれば、五度Cから一〇度C程度である。もちろん、これから外れた温度帯で発酵を行う場合もあるし、途中で変化させる場合もある。酵母の種類については第三章で詳述する。

さて、一次発酵が終了して糖がほとんどアルコールに変わってしまったという状況は、酵母にとっては飢餓の始まりである。だが、そのまま放っておくと、酵母の同胞愛というものがあるのかどうかは不明だが、なんと順次自爆してしまうのだ。仲間が自爆すると、細胞内から放出された体液をエサとして、まわりの酵母が生き残るのである。これを酵母の自己消化と呼ぶ。

近年の研究によると、酵母の自己消化は、一気に起こるというものではないようだ。まずは、一部の物質だけが体外に放出され、それでも時間が経過すると全面的に体内成分を放出することがわかってきた。初期の放出では、ビールにある程度味わいを与える成分を放出するが、完全放出は好ましからざる味と香りとなる。こうならないようにするために、麦汁の温度を四度C以下に落として酵母の活性を鈍くさせる。

自己消化の前半で放出される味わいは、コクにつながる成分なので、温度を下げるタイミングは、ビールの味わいに大きな影響を与える。

こうして初期の発酵（一次発酵）が終了した麦汁は、予定のアルコール度に達しており、ビールと呼びうる液体となる。温度を十分に下げ酵母の活性を鈍くすると、酵母の多くは発酵タンクの底に沈殿する。これを残して、上澄み（うわず）を熟成タンクに移動させる。この段階で、ビールが完成していればそれで問題ないのだが、この段階では、まだビールは文字通り青臭く、「若ビール」と呼ばれている。

4　熟成（二次発酵）

炭酸ガスの溶解

熟成工程で起こっていることがらについては、現代科学をもってしても完全に解明されているわけではない。主にアルコールを生成する一次発酵に対し、熟成期間は、二次発酵と呼ばれることもある。

熟成工程で最もわかりやすい作用の一つに、二酸化炭素（炭酸ガス）の溶解がある。発酵タンクの中で酵母が盛んにアルコール発酵をしている間は、排出される炭酸ガスはあまりに多いので、タンクからどんどん排出させる。しかし、熟成工程に入ってすぐくらいになると、炭酸ガスの放出を止めて、タンクを一定の圧力まではガスを保持するようにしておく。そうすると、発酵終盤に酵母によって製造（排泄（はいせつ）！）された炭酸ガスはそのままビールに溶（と）け込んでいく。言うまでもなく、これがビールの爽快感をかもし出しているのだ。

清澄が重要

大手メーカーのビールは通常、熟成が終了すると酵母を取り除くために、精密な濾過器に送られる。そのときの目詰まりを少しでも軽減するには、ビールに酵母ができるだけ含まれていないほうが良い。熟成期間をとればとるほど酵母がさらに沈殿して、濾過に適するようになる。

濾過をしない地ビールなどでも、酵母をビール内に意図的に残すタイプのビールでない限りは、しっかり熟成期間をとって、酵母はできるだけ商品に残らないようにするのが品質的な見地からみた定石である。一部のスタイルでは酵母を意図的に残して濁（にご）ったままで出荷するものもあるが、そうでないビールについては、透（す）き通っている、ということは、品質上、重要なファクターである。

地ビール・メーカーでは、濾過装置を持たないところも多く、そのようなところでは、熟成期間を長くとるしかない。または、意図的に濁ったままで味わえるスタイルのビールを造る。大手メーカーでは、そんなに悠長なこともやってられないし、日本の「生(なま)」ビールというのは完全に酵母を取り除くまで濾過しなければならないので、二段、あるいは三段の濾過装置にかけている。

香味成分の変化

熟成工程でビールに起こる変化には、人間がコントロールしづらいものもある。若ビールが青臭い原因は、発酵過程で生じる香りの成分によるところが大きい。主なものはダイアセチルと呼ばれる物質であるが、これはありがたいことに時間とともにビール内で分解されて、無臭となる。すなわち、熟成期間を置くことで香りが良くなるのは、良い香りが新たに発生するというよりも、ダイアセチルに代表されるような好ましくない香りが分解されることに負うところが大きいと考えられている。

香りの変化のほかにも、熟成中にビールの質が良くなる現象として、濁りの原因となるポリペプチドといった物質を凝固させるという効果も確認されている。

また、口当たりがまろやかになるのは、水の分子がお互いにくっついて、あたかも一つの大きな分子構造（水和(すいわ)）を作るためではないか、という説も論じられている。ウィスキーなどではかなり本当の説らしいが、ビールについても、これが原因なのかはまだ解明されていない。

以上のように、熟成で何が起こっているのかは、まだまだ科学的には不明な部分も多い。味わう立場から熟成という現象を論じると、要は「香りがよくなって、飲み心地もスムースになる」ということである。

5　濾過と「生」

酵母除去の工程

洋の東西を問わず、小さなビール・メーカーでは、濾過などせず、できたてのビールを併設のレストランで出したり、びんなどに詰めて出荷するケースが多い。また、ビールの種類によっては、濾過してしまっては、その特性が完全に失われてしまうため、濾過をしないでびん詰めされるタイプのものもある（第四章を参照）。

だが、日本人が一般的に「これが普通のビールだ」と思っているタイプのビールは、濾過されている。特に、日本の大手ビール・メーカーが出している「生」ビールというものは、特に細かいフィルターによってほぼ完全に濾過されている。

ビール酵母といえば、栄養価が高いということが知られており、わざわざ健康食品として購入する人さえいるのに、どうして、大手メーカーは躍起（やっき）になってこの酵母を完全に取り除くのか、確認しておこう。

まず、酵母が残っていては都合の悪いことがあるのだ。ビールの中で酵母が生き続けていれば、自己消化を起こして、酵母の細胞膜が破れて体液が不快な匂いを発するという発酵後期の話を思い出していただきたい。しかし、これに対しては、低温殺菌という便利な方法が開発されていたし、それが立派に機能してきた。

日本以外の国では、ビールで酵母の自己消化が問題になる場合には、低温殺菌処理を施すのが普通である。いわゆる熱処理というものだ。低温殺菌については、次節で詳しく解説する。

日本人の「生」好み

日本人は、刺身が好きなせいか、飲食物というと「生」にこだわる癖（くせ）がある。だから、熱処理されたものは、「生」より新鮮でないとか、香味が変化しているのではないか、という誤解を持っている。

結論から言うと、香味に差はないし、鮮度もまったく別の問題である。しかし、日本の大手ビール業界の戦いは、味や香りではなくて、宣伝イメージの戦いであるため、多くのビールが「熱処理」による殺菌ではなく、「濾過」による除菌処理を施されているのである。

濾過には、酵母をある程度通してしまうような粗い濾過もあり、地ビール・メーカーなどではこの程度の軽い濾過のみで済ませるところもある。大手メーカーで「生」として販売されているものは、酵母をほぼ完全に除去する必要があり、できあがったビールを直径一ミクロン程度の孔しか空いていないフィルターを通している。いわゆるセラミック・フィルターというものである。

こうして、「殺菌」の代わりに「除菌」することにより、酵母の自己消化による風味の劣化を防いでいるのだ。従って、酵母が生きたままの生ビールということで賞味期限の短い地ビールと異なり、大手の生ビールの賞味期限は九ヵ月程度とやたらに長い。それでも「ビールは鮮度」と称して宣伝するほうもするほうだが、それに踊らされる消費者も情けない。

さて、当然のことだが、日本以外には、除菌フィルターを使ってまでビールが「生」である、などということにこだわる国はないので、このような方法は一般的ではない。低温殺菌（火入れ）をしても人に感じる香味、つまり味も香りも何ら変わらないのだから、当たり前の話である。

しかも、実は日本のように細かな濾過をしてしまうと、酵母のみならず、味の成分の一部も濾過されてしまうのである。つまり、苦味などのビール本来の味わいも減少してしまうのだ。これを称して、「ますますすっきり、クリアな味わい」といわれれば、まったくその通りだと思うが、その先に「うまい！」とつけられてしまうと、少々抵抗を感じざるを得ない。

6　低温殺菌

パスツールが発見した原理

低温殺菌とは、味や風味を損なわずに、ビールに必要な殺菌または滅菌を行う方法である。これは、ビールに限らず、牛乳など、様々な食品に応用されている技術だ。この方法は一九世紀の後半に、フランスの微生物学者、パスツールによって考案されたもので、パストリゼーションと呼ばれている。

パスツールは、曲がりくねった細い口のあるフラスコ内の煮汁が、外気と直接接触しなければ腐敗しない、という実験をしたことで、生物の教科書にもよく登場している。ビールなどのアルコール飲料の「発酵」が酵母という微生物によるものであることを発見したのもこのパスツールである。彼は、ビール研究にはあまり熱心でないフランスから、北欧（デンマーク）のカールスバーグ社の研究所に移り、低温殺菌技術や、エールとラガーの違いが酵母の種類の違いであることなどを解明し、その後のビール醸造学の発展に大きく寄与している。

さて、話を低温殺菌にもどし、その原理から説明しよう。卵を茹でると固まるし、牛乳を沸かすと表面に膜ができるように、タンパクは、熱によって固まる性質を持っている。また一旦変形したものは、温度を下げても元に戻らない。ビールにも微量ながらタンパクが含まれているので、「殺菌」といっても、あらゆる菌を死滅させるような一〇〇度Cくらいの高温で熱してしまうと、ビール内のタンパクなどが変質し、さすがに味にも悪影響がでる。

パスツールは、タンパクが変質しない六〇度C程度の温度でも、多くの菌は時間をかけると死んでいく原理を応用したのだ。これは、六〇度C前後のお湯に手を入れても、すぐに湯から手を出せば「熱かった！」だけで済むけれど、長時間手を入れておけば火傷し、時間が長くなるにつれ、火傷がひどくなるのと同じ原理である。

従って、微生物を比較的低温で殺菌する場合の有効性は、温度と時間の積で計算される。六〇度Cに一分間置いた状態を一ＰＵ（Pasteurization Unit）という単位で表す。つまり、六〇度Cで二分保持すれば、二ＰＵの効果がある、ということだ。六二度Cでは、一分だけでも一・九ＰＵなので、温度を上げるほど、殺菌効果は早く現れる。ちなみに、五〇度Cで一分では〇・〇三七ＰＵ、七七度Cで一分では、二六八ＰＵである。

ではビールの場合、何ＰＵ程度の殺菌効果が必要なのだろうか。現代では装置の殺菌・洗浄技術が発達し、醸造時の微生物管理がしっかりできているので、ビール酵母以外の雑菌はほぼ存在しないという前提もあり、日本の一般的なピルスナー・タイプのビールの場合は、十分な熟成期間の間に、すでに酵母の多くが沈殿してしまっている。すなわちそれほど多くの酵母が残っていないため、一〇～二〇PU程度で十分といわれている。

具体的な殺菌方法

では、具体的にどのようにして行うかというと、大きく分けて二通りの方法がある。

一つは、徐々に温度を上げながら、最終的に六〇度C程度で一〇分程度保持し、温度を下げていく方法。

具体的な装置は、シャワー方式と湯煎（ゆせん）方式という二つのタイプがある。シャワー方式はびん（缶）詰めされた商品をベルトコンベヤーにのせ、スチームまたは熱湯シャワーのトンネル内をゆっくり通していく方法。湯煎方式はお風呂のようなところにびん（缶）詰めされた商品を漬（つ）け、お風呂の温度を上げ下げして温度調整するもので、日本酒の世界では、なんと江戸時代からこの方式が取り入れられており、実はパスツールよりも早く低温殺菌を実用化していたのだ。

二つ目の方法は、フラッシュ・パストリゼーションと呼ばれているもので、熱交換器を使って、一気に七〇度C以上に昇温し、二〇秒もたたないうちに次の熱交換器に移動し、一気に降温する。

牛乳も出荷前に殺菌処理が行われており、ビールと同様にゆっくり殺菌する方法と、フラッシュ・パストリゼーションの二種類がある。ビールと異なり、殺菌の重要度がずっと高い牛乳の場合には、何度Cで何分間殺菌したかがパッケージに記されているので、自分が飲んでいる牛乳がどんな方法で殺菌されているのかを知ることができる。

さて、ビール業界に話を戻すと、フラッシュ方式は短時間に大量に処理できるので、比較的大きな規模のメーカーのほとんどがこの方式を採用している。

一方、地ビール・メーカーでは、この方式は用いていない。日本では、なぜか低温殺菌を導入しているのがごく一部の醸造所に限られているのだが、それらはすべて湯煎方式である。高性能な流量調整機能の付いた熱交換装置が高価であることが一番の理由である。湯煎方式は、装置が安価な割に、確実な殺菌ができる。次に、大手ほど清潔なクリーン・ルーム内でびん充塡（じゅうてん）を行っているわけではないので、どうせ殺菌をするなら、びん（または缶）詰め後に行ったほうが、充塡時の空気からの微量な乳酸菌があったとしても有効な殺菌となることも、充塡後に行う湯煎方式が採用されている理由である。

香味成分は変わらない

さて問題は、低めの温度だとはいえ、熱を加えて殺菌処理しても、果たして味や栄養に影響はないのかどうか……ということであろう。先に述べたように、結論は「変化無し」であるが、もうちょっと、具体的に根拠を述べておこう。

一般的に、ビールは新鮮なほうが美味しい、というのは事実である。では、びん詰めされたビールが新鮮でなくなっていくのはなぜかというと、びん内でのビールの酸化が起こるというのがその主な原因である。ここでいう酸化とは、ビール充塡時にびん内に残るごくわずかな酸素によって酸化されることである。その後に、光が入ることで起こる化合物の酸化反応のことではない。この「光酸化」は低温殺菌とは別の次元で起こりえるものだ。

そこで、「低温殺菌によってビールがどの程度、残留酸素による酸化をするのか」を考えることと、「実際に官能審査（テイスティング）をしてどうだったか」の両面から、低温殺菌で香味が変わらないことを確認しておけば良いであろう。

酸化の影響

ある大手メーカーが行った試験によると、低温殺菌により、びん詰め後にびん内に残った酸素の七〇％がビールの酸化に使用された、という結果が報告されている。この化学反応は、温度が高いほど早く行われるということだ。やはり、低温殺菌を行うと、ビールの酸化が早く進行することは避けがたい科学的事実である。

しかし、これがどの程度か、というのが重要である。これは、同じビールを低温殺菌せずに三〇度Cで保存した場合、一〜二日で酸化されるのと同じなのだ。つまり、びん詰めして二日以上経つと、低温殺菌されたビールとされていないビールの酸化度には差がなくなる、ということになる。

実は、現代のびん充塡機では簡単なものでも、充塡直前に炭酸ガスでの吹替えなどをしているので、残留酸素の量を極めて少なくできるのだ。びん詰めを行った後にびん内に残る酸素＝残留酸素は、大手メーカーでは〇・〇一ppm程度。簡単な機器で行っている地ビール・メーカーでも、〇・〇五ppm前後というのが一般的だ。ドイツのビールの教科書などには、残留酸素は〇・五ppm以下で良いといわれている。すなわち、低温殺菌は、ビールの味や香りに悪影響を及ぼすことがないことが、十分に納得できるであろう。

官能評価

では、仮に、びん詰めしてその日のうちにしかビールを飲まないとして、味に違いがあるのだろうか。

かつて、大手のビール・メーカー同士で、「生」という表示が不当か否かという論争が盛んだった頃、国税庁醸造試験所（現・酒類総合研究所）で官能審査による比較が行われた。つまり、それぞれ充塡されたばかりの「低温殺菌されたビール」と「低温殺菌されていないビール」を目隠し（めかく）で比較テストしてみた、ということだ。その結果、「違いは認められるもののの、熱処理の有無で味や香りに差はない」という報告が出ている。私もビール工場を経営していた四年間、低温殺菌をするたびに必ず殺菌前後のビールをチェックしていたが、香味の変化を感じたことは一度もなかった。

熱処理直後といえども、ビールの酸化による香りや味の違いを見極めるのは訓練を重ねたプロといえども至難のことなのだ。これは、昨今の充填技術を用いれば、そもそも酸化の原因となる酸素が、びんの中にほとんど残っていないことからも納得できる。

死んだ酵母のほうが栄養分の吸収は良い

最近、ビール酵母が健康によい、ということで、ビール酵母の錠剤が高値で売れている。これらの酵母は、当然、失活（死滅）している。ところが、ビールも少しでも健康志向で、となると、なぜか、酵母が生きていないと納得しない消費者が多い。これは、単なる知識不足なので改めていただくよう、本書を読まれた「ビール通」の皆様にはお願いしたい。そこで、皆様がもう少し詳しく酵母の栄養成分について語っていただけるように、「熱処理でビール酵母の栄養成分が変わるか」という問題を論じておこう。

話の展開から言うと、ちょっと期待に添わないかもしれないが、結論からいうと、「変わる」のだ。しかし、問題は、この違いは大したことがない、ということだ。実は、熱処理によって「良くなる」ものと「悪くなる」ものの両方があるのだ。

いずれにしても、ビール内の残存酵母というのは量もきわめて少なく、従ってそんなに多くの栄養分を摂取できるわけではないので、あえて問題にするほどのことではない、というのが正直なところだ。とはいえ、どんな差異があるか、説明しておこう。

最近注目されているビール酵母の栄養分が豊富なほうが良いというのなら、低温殺菌されていたほうが良いということになる。ビール酵母に含まれるビタミンB群は、ビール酵母が死んでいようが生きていようがその量は変わらない。だが、ビール酵母は死んでいたほうが、その栄養分が人体に吸収されやすいのだ。生きたままだと、酵母も消化されまいとしてがんばってしまうのだ。その結果、ビタミン等のほとんどの栄養素が、酵母の細胞膜の中に閉じ込められたまま、胃を通過してしまうのである。

では、低温殺菌でのデメリットは何かと言われれば、酵母から出る酵素が失われる、ということであろう。明治時代には、活き（い）た酵母の酵素に着目した研究がなされていたようであるが、現代において、ビール酵母の栄養素として大きく注目されているものではない。これが、しいて挙げれば低温殺菌した場合の栄養上のデメリット、ということになる。

ビールのもたらす健康とは

しかし、いずれにせよ、ビールが健康上にもたらす最も有意義なものは、人の心を明るくし、楽しいひと時を演出してくれることではないだろうか？

酵母がどうの、生きているのいないのと、屁理屈（へりくつ）にしかならないメリット・デメリットを並べるよりも、ビールそのものが持つ、強力な健康促進作用をひたすら満喫するのが得策だ、ということがご理解いただけたであろうか。とはいえ、ビールはアルコール飲料であり、また、プリン体も含まれており、尿酸値の高い人には健康を害する恐れのあるものだ。

このあたりは十分配慮して、ということである。

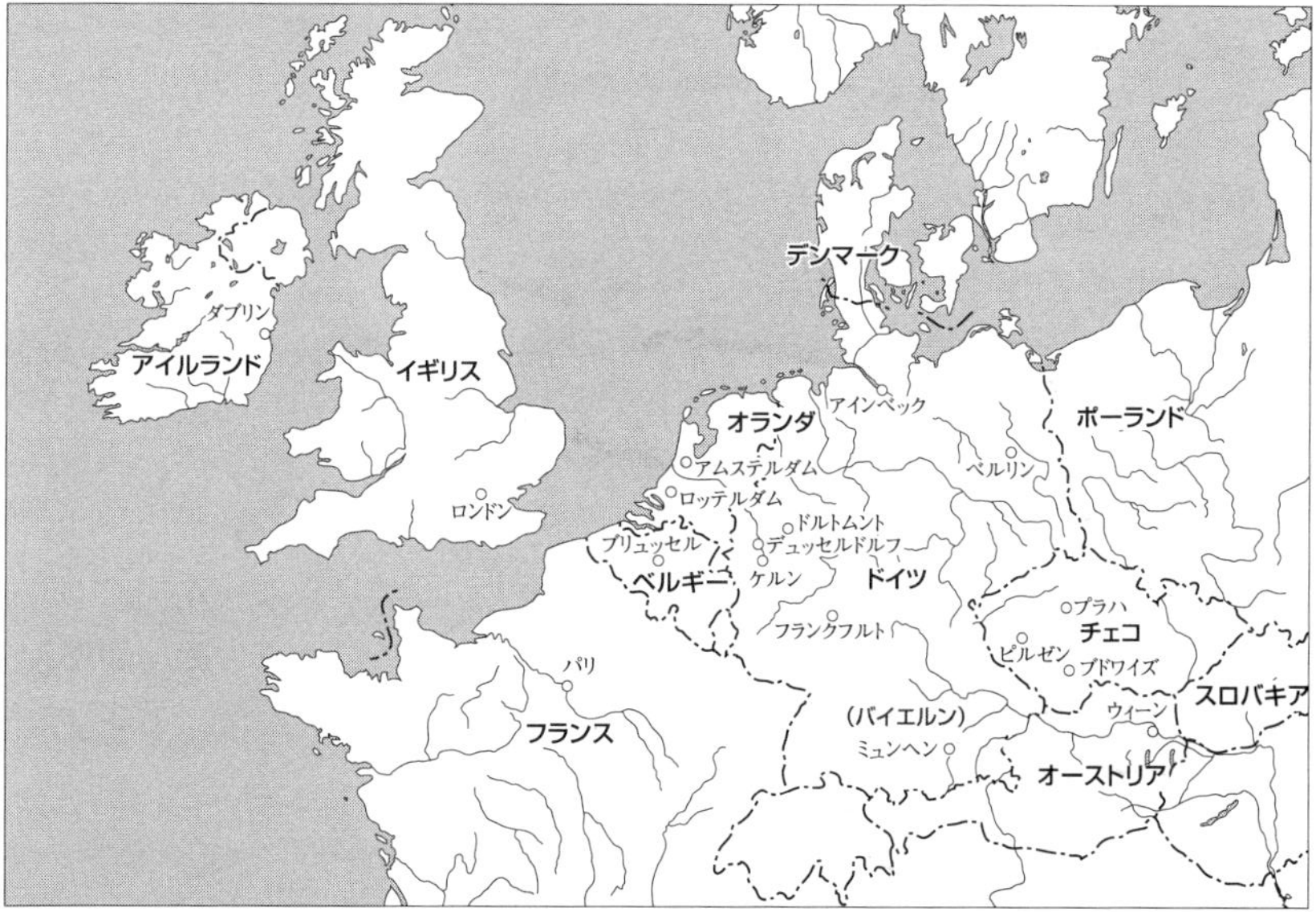

アイルランド
ダブリン
イギリス
ロンドン
デンマーク
オランダ
アムステルダム
ロッテルダム
アインベック
ベルリン
ポーランド
ブリュッセル
ベルギー
ドルトムント
デュッセルドルフ
ケルン
ドイツ
フランクフルト
プラハ
チェコ
ピルゼン
ブドワイズ
スロバキア
パリ
フランス
(バイエルン)
ミュンヘン
ウィーン
オーストリア

ヨーロッパ地図

第三章　ビールの原材料

【演習問題３―１】ビール通でないＡさんの問いに明快に答えよ。
Ａ「黒ビールってあるけど、この間、地ビール飲んだら、茶色だったよ。『ハーフ＆ハーフですね』って聞いたら『全然違う』っていわれたけど、ビールの色の違いってどこから生じているの？」
【演習問題３―２】Ａさんの質問は続く。
Ａ「何でビールびんって茶色が多いのだろう。日光が当たると良くないんだろうけど、それならば、いっそのこと黒いびんのほうがいいんじゃないかな」

第二章ではビールの造り方の流れを紹介した。本章では、ビールの原材料にどのような種類があって、それらがビールにどのような変化をもたらすのかを紹介しよう。

ドイツ人観光客も訪れる、プラハの「ウ・フレク」——自家製の名物黒ビールは醸造所併設のこのレストランでしか飲むことができない

1　麦芽（モルト）

基本は二条大麦

麦というと私たちの生活で最も身近なのは、小麦であろう。しかし、ビール用の原材料として主流なのは、大麦である。

現在のように飢えに苦しむこともなくビールなどという飲料を楽しめるようになったのは、ここ数百年のことであるから、食用にしやすい小麦よりも、食用としては扱いの面倒な大麦をビールの主な原材料にしたのは自然な成り行きであったと考えられる。

大麦にも六条(ろくじょう)大麦と二条(にじょう)大麦というのがある（図版参照）が、ビール麦芽の原料となるものの大半は二条大麦という種類である。アミラーゼの含有量が多いことが、二条大麦を使用する理由である。

最近では、品種改良も進み、六条大麦もビール用モルトの原料として使われることもあるようだ。もちろん、ライ麦なども、特殊なフレーバーを出すために少々使用されるケースがヨーロッパでは見受けられるが、日本のような、「すっきり命(いのち)」のビールではお呼びでない。

麦芽の焙燥

さて、麦芽は発芽した麦を焙燥したものであり、焙燥の温度が低いと薄い色の麦芽となり、温度が高いと濃い色の麦芽となることは第二章で述べた。

ビール造りの基本となる色の薄い麦芽は、一般的に「ペールモルト」といわれており、八〇度C前後で焙燥されたものだ。九〇度C程度で処理すると少々色が濃くなってくる。この代表格としては、ミュニックモルトなどが挙げられる。このくらいの焙燥具合の麦芽を使用してできたビールの色合いが、アンバー（Amber＝褐色）である。

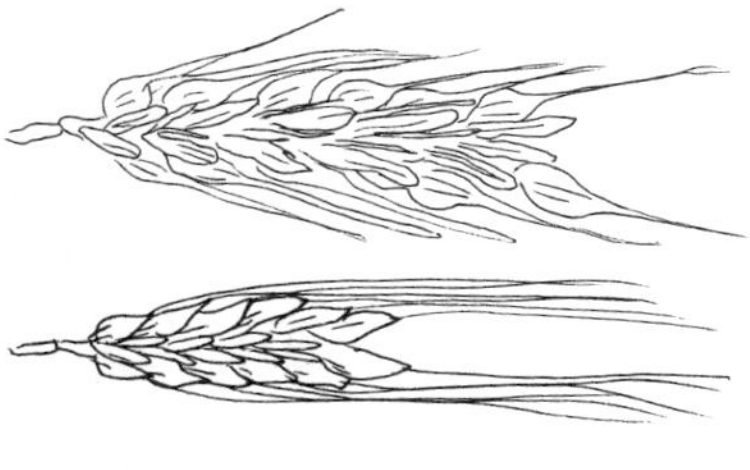

（上）六条大麦。穂の周囲に6条すべてに麦がついている（下）二条大麦。6条のうち4条は退化し、左右に2条の大きな麦がついている

焙燥の温度がこれよりも高くなってくると、発芽によって蓄えられたせっかくの酵素類が失活してしまう。ビール造りには酵素の力が必要なので、どんなビールを造るときでも、基本の原材料となる麦芽は、ここまでの温度で処理されたものとなる。これらの麦芽を総称して、「ベースモルト」という。

ベースモルト以外の麦芽は、総称して「スペシャリティーモルト」と呼ばれている。先ほどのライ麦の麦芽は、高温で焙燥されたものではないが、風味の特徴が強いため、ベースモルトに使用されることはない。従って、このようなものも、スペシャリティーモルト

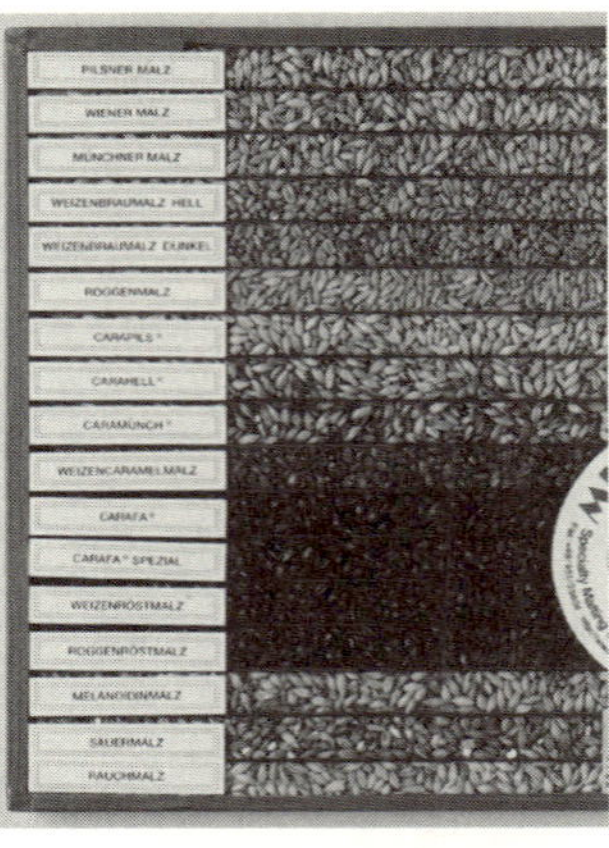

モルトの見本。麦の種類と焙燥の違いにより、様々な味を生み出す（提供：コトブキテクレックス株式会社）

に入る。

スペシャリティーモルトは、ビールに味、色、香りの特徴を持たせるために使う。通常の焙燥では一二〇度C程度までで真っ黒の麦芽に仕上がるが、中には、二〇〇度Cといった高温で焙燥される場合もある。温度によって、茶色、こげ茶色、黒、といった濃い色合いになる。

欧米では、個人でもビールを家庭で造る人が多い。米国では、結構小さな町でも、一軒くらいはビールの原材料屋さんというのをよく見かける。オーストラリアではスーパーでも自家醸造用のグッズを売っている。そのようなショップで麦芽の商品ラインアップをみると、「チョコレートモルト」というのがある。「海外にはチョコレート味のビールがあるのですか」という質問を受けたことがあるが、そうではない。これは、チョコレートの色具合にまで、黒く焙燥された麦芽、ということなので、お間違いなく。

日本でも、ある程度のビール自家醸造くらいは認めて欲しいものである。そんな自由も禁じられているとは、なんとも非文化的な制度の黙認であり、先進国の国民としては恥ずかしい限りだ。いや、つまり先進国ではない、というのが正しいのかも知れない。

麦芽の種類とビールの色

このような様々なモルトを使用することで、その因果関係を簡単にはっきり語れるのは、ビールの色についてである。つまり、ビールの色合いは、使用するモルトの焙燥温度の加減で決まってくるというわけだ。ドイツのデュンケルのように色の濃いビールの場合は、ベースモルトに対して、かなり色の濃いスペシャリティーモルトを添加している、ということである。

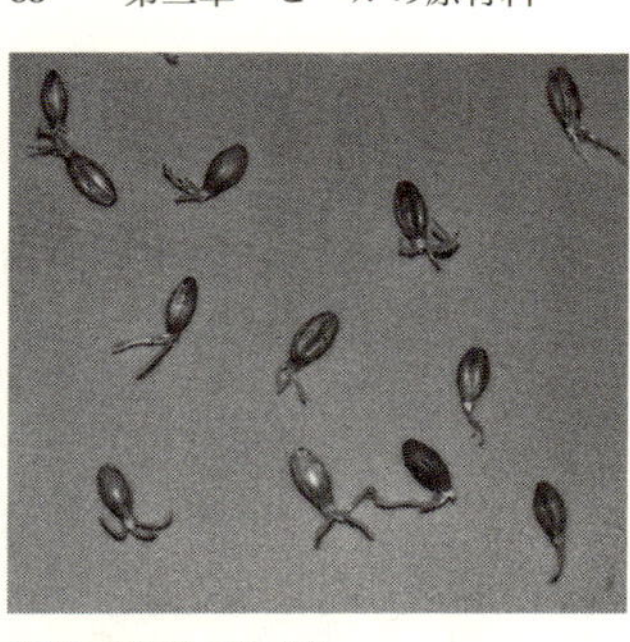

麦芽（焙燥する前）

ヨーロッパでは、強い焙燥による風味を活かすために色の濃いビールが造られているのだが、最近では「カラーリングモルト」などと呼ばれる、単に色をつけるだけに近い、麦芽というよりむしろカラメルのようなものもある。これを用いた、味わいは色の濃くないビールに近いままで、色だけ黒いビールというのも多い。

また、ベースモルトとスペシャリティーモルトの使用比率を調整することで、ビールに味わい深さやすっきり感が出るように工夫することもできる。例えば、色の濃い麦芽を多く使用してしまうと、酵素が失活している割合が高く、麦芽のでんぷんなどのエキスが十分に糖化されない。そうすると、甘く糖化された部分はアルコールになるが、糖化されなかったエキス分はそのままビール内に残ることになる。そうすると、どっしりとした味わいになる。エキス分を味わいとして表現する専門用語は「ボディー」である。したがって、このようなエキス分の多い深い味わいのビールは、「しっかりしたボディー」のビールなどと評される。

一方、色は黒くても、よりさっぱりしたビールを造ることもできる。その場合は、酵素の活性が強いベースモルトの使用比率を多く保ち、色の濃いスペシャリティーモルトの比率をずっと下げるのだ。この場合のスペシャリティーモルトは真っ黒焦げで、ほぼ完全に酵素は失活している。色と焙燥による濃色モルトの風味は少量でもしっかり出すが、酵素の部分はベースモルト頼み、というわけだ。この場合は、アルコール発酵されずにビールに残るでんぷんなどのエキス分は少なくなり、すっきりした味わいになる。ちょっと専門的にいうと、「ライトなボディー」のビールとなるわけだ。

小麦麦芽の使用例

さて、麦芽といえば、大麦からできたものが基本であるが、小麦の麦芽について触れておこう。小麦は、大麦のように堅い殻がないので、麦芽を作るときに壊れやすいとか、麦汁を作るときに目詰まりをおこしやすいなど、醸造者からするとやっかいな麦芽である。しかし、それを使うことによって、フルーティーな香ばしさと泡持ちのよいビールを造ることができるのだ。

この小麦の麦芽は、南ドイツのバイエルン地方（ミュンヘンを中心とする一帯）の有名な「ヴァイツェン」というビールを造るには欠かせないものである。ヴァイツェンの場合、一般的には、使用する麦芽全体のうち、五〇〜七〇％程度を小麦麦芽にする。小麦の麦芽はタンパク質が多いため、泡持ちが良いが、反面、ビールに濁りをもたらす。ヴァイツェンの濁りは、浮遊する酵母に加えて、タンパクもその原因である。

ベルギーの「ベルジャン・ホワイト」と呼ばれるビールも小麦を使用しているが、こちらは、小麦麦芽ではなく、発芽させる前の小麦をそのまま使用している。一般的なものでは、小麦を四〇％程度使用する。

ベルギーを中心に、ドイツでも麦芽化しない小麦を使用するビールがある。また、オート麦などの様々な麦や麦芽を少々混ぜて造っているビールも見受けられる。

2　ホップの重要性

四つの効能

ビールの原材料としてなくてはならないホップとは、クワ科の植物の毬花(きゅうか)だ。日本国内ではカラハナソウという名前で知られている。小さな松ぼっくりのような形をしているが、緑色でやわらかい(図版参照)。この鞠花は、雌花と雄花が別の個体で、ビールの原材料のホップにはすべて雌花が使われる。雌花の松かさのような花の中に、ビール造りに欠かせない酸や油分が含まれているのだ。

一方、雄花は厄介者(やっかいもの)として扱われ、ホップ畑からすべて取り除かれてしまう。雄花があると、雌花が受精してしまうからだ。雌花が受精してしまうと、ビールの原料として大事な油分の組成(そせい)が損なわれてしまうのだ。

ホップがビール造りに果たす主な役割は次の四つである。

A　苦味を与える
B　香りを与える
C　泡持ちを良くする

D　殺菌作用を与える

どれもビール造りにとって大切な役割で、ホップはまるでビールのために生まれてきたと思えるほどだ。ではこれらの役割について、順に説明する。

A　苦味を与える

現在、ホップがもたらす第一の役割はといえば、なんといっても、ビールに心地よい苦味を与えてくれることである。第二章の「仕込み」の煮沸工程で述べたように、この苦味はホップに含まれるアルファ酸が加熱されることによってイソ・アルファ酸に変化したものである。であるから、苦味を出すためのホップは、麦汁の煮沸の初期段階で投入される。このホップをビタリング（苦味）ホップと呼ぶ。

ホップの毬花

アルファ酸の含有量はホップの商品ごとに測定されており、目指す苦味の度合いに必要なホップの量は簡単に算出できるようになっている。例えば、あるホップのアルファ酸含有量が四・〇％、別のロットのは五・〇％などという具合だ。四・〇%のホップを一キロ使用したものと同じレシピで五・〇%のホップを使用して同じ苦味にするには、五・〇%の使用量を〇・八キロ（一キロ÷五×四）にすれば良い、という具合である。

B　香りを与える

ホップはビールに爽（さわ）やかな香りを与える役目も果たす。

香りに寄与するホップの成分は油分である。ホップに含まれる油分は、二〇〇種類以上の化学物質からできていて、微妙な様々な香りを演出する。ビールの香りは、発酵・熟成の過程で生じるエステルなどの成分と、ホップの香りとのバランスで造られているのだ。

この油分は、苦味を出すアルファ酸とはまったく別の物質であり、揮発（きはつ）性がある。従って、煮沸の初期に入れたのでは、香りの成分はすっかり蒸発してしまう。そこで、香りをつけるためのホップは、煮沸終了間際、あるいは終了直後に投入される。ビールに香りを与える目的で使用するホップをアロマ（またはアロマティック）ホップと呼ぶ。

C　泡持ちを良くする

ホップには、ビールの泡持ちを良くする役割もある。基本的なビールの泡持ちの良さは、ホップの苦味の成分と、モルトから抽出されるタンパクとが結合することで起こる。つまり、一般に苦いビールほど泡持ちが良い、ということになる。

もちろん、泡持ちにはまったく別の成分も寄与しているので、苦いビールがすべて泡持ちが良い、ということではない。あくまでも、他の条件が同じであれば、ということである。

D　殺菌作用を与える

これまで述べてきたように、ホップは現代のビールのために生まれてきたようなありがたい植物である。しかし、その雌花をそのままかじってみても、青臭く、吐き出したくなるほど苦く、そのままではとても美味しいとは思えない代物だ。実は、歴史的にみると、味や香り、泡の成分以外にも、もっと重要な役割がホップにはあったのだ。

それが、ホップの持つ殺菌作用である。我が国で行われているような現代のビール醸造では、ホップの殺菌力以上の洗浄・殺菌処理を行ってビール製造を行っているので、ホップの殺菌作用に頼らねばビール醸造がままならないということはない。

しかし、もっぱら自然発酵に頼っていた前近代のビール醸造や、現在でも欧州の一部の古い醸造所にとっては、ホップの殺菌作用はきわめて重要だ。発酵前のビール（麦汁）というのは、ビール酵母に限らず、ほとんどの菌にとっても極めて美味しい楽園なのだ。発酵の開始とともに雑菌も繁殖すればビールの味は劣化するし、雑菌に対するビール酵母の優位性が保てなければ、麦汁の栄養分（主に糖類）が雑菌に食われてしまい、ビールは腐敗してしまう。

ビールの元祖はメソポタミア文明やエジプト文明で造られていたものだ。エジプトでは、様々なハーブで味付けされていたという記録があるが、ホップが特別にビール向けに使用されだしたのは、八世紀頃のバイエルン地方（南ドイツ）といわれている。

しかしホップの使用がヨーロッパ各地に広まったのは、一一世紀から一五世紀にかけてのことである。アルコール度が高くないビールは、腐敗しやすい酒であった。しかし、ホップの広まりは、前近代において、ビールの腐敗確率を一気に押し下げ、品質向上に大いに役立った。

ホップの抗菌作用はとても強い。原材料として保管しているホップを顕微鏡で観察しても、その表面に雑菌はみあたらない。まったく同じ環境に放置した麦芽を顕微鏡でのぞいてみると、その表面は雑菌だらけだ。とはいえ、この雑菌は、人の手のひらにいつでもついている程度の雑菌であり、麦芽というものが特に汚染されているという話ではないので、ご心配なく。

ホップの欠点

これまで見てきたように、ホップは麦芽についで、ビールになくてはならない原材料となったのであるが、欠点もある。実はホップの苦味成分はビールの中で光を受けると、その化学組成が変化を起こしやすいのだ。酸素に触れるわけではないが、この化学変化は結果としてもとの成分の酸化反応となるので、「光酸化」と呼ばれている。つまり、びん詰めによって流通されると、外気に触れなくても、光が入って酸化してしまう、ということだ。

この光によって成分が分解されて起こる光酸化は、蛍光灯の光でも生じてしまう。その結果、生じる成分は日光臭とかキツネ臭といわれる嫌な匂いを発し、程度にもよるがホップの爽やかな香りも味も徐々に台無しにしていくのだ。

茶びんが使われる理由

光には様々な波長があるが、光酸化を起こしやすい波長というのもある。そして、この波長をもっともカットするのが茶色のびんなのである。黒いびんよりも茶びんのほうが、この波長をカットする。これが、スタンダードなビールびんが茶色である所以（ゆえん）なのだ。

だからといって、茶びんに入っていれば日光の下にさらして良いわけではない。有害な光をカットするといっても所詮（しょせん）はガラスであり、限度がある。

酒問屋や酒屋さんがトラックの荷台に平気で日光にさらしてびんビールを運んでいるのを見ると、いつも胸が痛む。光酸化によって品質が劣化したからといって、おなかを壊すわけではないし、多くの消費者には気づかれないかもしれない。しかし、プロの仕事としてはあまりにもお粗末だ。

クリーニング屋さんが荷台に土足で入らないように、ビールを扱う業者はびんビールを日光にさらすべきではない。流通業者として最低限期待される付加価値までも「面倒」だからといって無視するような業界に成り下がってしまえば、これ以上、規制で保護するのもいかがなものかと思う。酒類販売の小売については規制緩和に向かっているが、卸(おろし)は手付かずだ。日本の大手酒問屋には、監督官庁である国税庁のＯＢの方々が数多くいらっしゃるのだから、流通業者が行うべき品質保全もしっかりご指導いただきたいものだ。

緑や透明のびん

さて、先に、光酸化を極力防ぐために茶色のびんが使われると書いたが、ファッション上の問題から、茶色以外のびんを使用するメーカーもある。茶色にはかなり劣るが、それでも茶色の次に有害波長をカットしやすいのは緑色ガラスである。ハイネケンなどが使用している、あの色だ。それ以外の色は黒でも青でも大差なく、有害な光をほとんど通してしまうと考えて良い。

しかし、中には透明びんを使用しているメーカーもある。日本でもなじみ深いものは、恐らくメキシコのコロナビールであろう。しかし、コロナの場合は光酸化がほとんど起こらない。なぜかというと、このビールに使用するホップは、ホップの有効成分を液体状に抽出したもので、苦味成分が光で分解されにくいように化学加工しているからなのだ。

茶または緑色以外のびんに入ったビールは、コロナのように液体状の化学処理済みのホップを使用しているか、あるいはメーカーが何らかの理由で光酸化は無視するポリシーを持っているかのいずれかである。

例えば、比較的賞味期限が短く冷蔵保管を義務付けているために冷蔵庫で短期間しか保管されないことが前提なので、あえて茶色のびんにこだわる必要はない、と考えている地ビール・メーカーもある。だが、これは家庭用の冷蔵庫であることが前提だ。酒屋さんの蛍光灯付きの冷蔵庫では、光酸化が起こってしまうからである。

（上）ハラタウのホップ畑（下）ハラタウのホップ

ホップの産地

以上、ホップには、様々な効用があることを見てきた。そしてホップは植物なので、産地によって様々な特徴がある。ビタリングホップに適したものやアロマホップに適したもの、どちらにも適したもの、などなど様々な種類がある。

伝統的に産地によって格付けがなされ

ていて産地の名前がホップの品種名やブランドを表すようになっているケースが多い。良質なホップとして特に有名なものは南ドイツのハラタウやチェコのザーツがある。これらはいずれもラガー・ビールの有名な土地柄であるので、ラガー系のビールに使用されるケースが多い。

エール・ビールによく使用されるものでは、爽やかな香りが特徴のカスケードなどが良く知られており、日本の地ビールの説明でもよくみかける名前である。

どのビールにどのホップを選ぶべきか、というのは、決まりがあるわけではない。また、ホップの苦味成分であるアルファ酸の含有量も、同じ産地のものでも毎年異なるので、苦味ホップの使用量は、仕入れごとに、アルファ酸含有量から計算しなおすのだ。麦芽や酵母とのマッチングもあり、一概に言えるものではないが、あくまで「ご参考」として、私が世界の醸造家仲間たちと話している、あるいは、実例としてよくみかけるホップの種類を、いくつかのビールのタイプ別に示してみよう。

苦味のある淡色エールによく使用されているホップの種類
↓ゴールディングス、ファッガル、チャレンジャー、ターゲット
マイルドな褐色エールによく使用されているホップの種類
↓カスケード（圧倒的）、テトナンガー

コクのある濃色エールによく使用されているホップの種類
↓ゴールディングス、N・ブルーワー、ウィラミート、カスケード
苦味のある淡色ラガーによく使用されているホップの種類
↓ザーツ（圧倒的）、ハラタウ、ハーズブルック、テトナンガー
褐色ですっきり系のラガーによく使用されているホップの種類
↓ハラタウ、リバティー、ザーツ、テトナンガー
濃色でコクのあるラガーによく使用されているホップの種類
↓ハラタウ（圧倒的）、テトナンガー、ハーズブルック
ヴァイツェンによく使用されているホップの種類
↓ハラタウ、ザーツ、ハーズブルック

もちろん、まったく別の種類を使用していたとしても、それが何ら良い悪いというものではない。ここで、読者の皆さんに知っておいてもらいたかったのは、ホップにはいくつか種類があるということと、味がまったく別のビールでも、結構同じホップが使用されている、ということである。

つまり、麦芽、ホップ、酵母、というたった三つの原材料も、それぞれの種類がそれほど多岐にわたらないのに、その分量と組み合わせだけで、何百種類のビールができているとい

うことだ。さらに、プラントの設計や、小さな醸造所では造り手のちょっとした心遣い(こころづか)いでも、味は変わってくる。全国統一の味も悪くはないが、違いを楽しむのも贅沢(ぜいたく)なことだ。これがヨーロッパでいまだに小さな醸造所がたくさん存在する所以だろう。日本でもそのようなビールを楽しめる機会が増えてきたことは嬉しいことだ。

ハーブとしてのホップは女性の強い味方

さて、ビール造りになくてはならないホップであるが、実は、ハーブとしても私たちの体にも素晴らしい効果を発揮することが知られている。ビールに使用するホップは、ハーブとして直接香りを楽しむものに比べればごく微量になるので、ビールになってしまってもこれらの効果が期待できるとはいいがたい。しかし、ビール関連、ということで、参考までにハーブとしてのホップの効用を挙げておこう。

ハーブとしてのホップには次の五つの作用があるといわれている。

A　鎮静作用
B　催眠作用
C　細菌繁殖を抑制する作用
D　女性ホルモンを補(おぎな)う作用

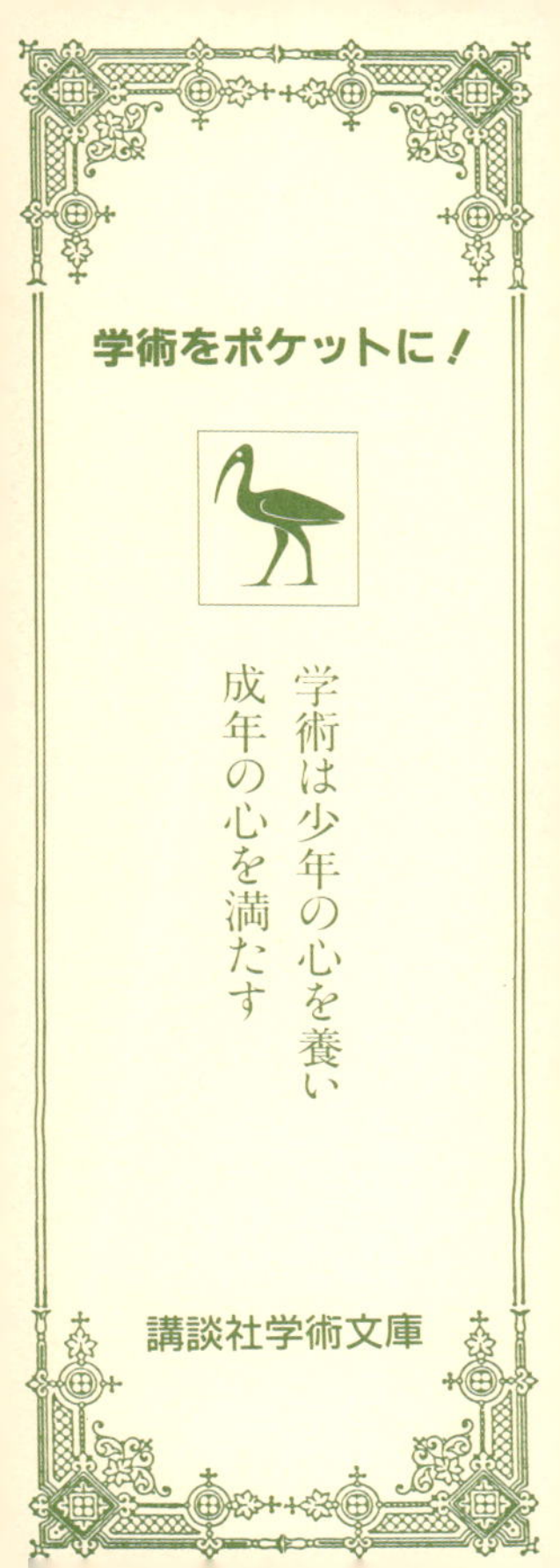
学術をポケットに！
学術は少年の心を養い
成年の心を満たす
講談社学術文庫

講談社学術文庫のシンボルマークはトキを図案化したものです。トキはその長いくちばしで勤勉に水中の虫魚を漁るので、その連想から古代エジプトでは、勤勉努力の成果である知識・学問・文字・言葉・知恵・記録などの象徴とされていました。

E　食欲増進効果

ここで注目したいのが、Dの女性ホルモンを補う作用だ。ドイツに伝わる話では、ホップ摘み(つ)の娘たちは作業にかかると生理が早く始まるとか、ホップ農園で働く女性は年の割に肌がきれいだといわれている。これらは、ホップに含まれている「フィトエストロゲン」と関連があるらしい。フィトエストロゲンとは、植物中に含まれる女性ホルモンのような物質で、体内で生成される女性ホルモンと同じような働きをするといわれている。

多くの研究から、フィトエストロゲンを含む植物を摂取するとエストロゲン（女性ホルモンの一つ）の持つ発ガン作用を抑制しながら、安全なかたちでホルモン効果をあらわすことが明らかになりつつある。女性ホルモンは年齢を重ねるとともに減少していき、更年期の症状を引き起こす要因にもなる。そこで、フィトエストロゲンの含まれたホップは、更年期の症状も緩和するとも言われているのだ。

ビールを飲んで、より美しく、より健康的な更年期が迎えられれば儲(もう)けもの、といいたいところだが、先に述べたように、ビールに含まれるホップの成分はごく微量である。だからといってガブ飲みしては本末転倒。ホップの香り豊かなビールでも飲みながら、ホップ摘みの娘になった気分を楽しむのがせいぜい、といったところであろうか。

3　日本での副原料の使われ方

糖質副原料

ビールの副原料には、大きく分けて二つの種類がある。アルコール生成に関わりがある「糖質副原料」と、味や香りに変化をつけるために使用される「糖質副原料以外の副原料」である。「糖質副原料」には、主に米やトウモロコシなどの穀類が用いられる。「糖質副原料以外の副原料」とは、チェリーのような果物や、コリアンダーのようなスパイスなどのことである。最近では、こうした特別な原材料をちょこっと使用して、奇をてらったビールもあるが、伝統的に果実や香辛料を用いて美味しいビールを造るのはベルギーのお家芸である。これらの具体例は第四章のベルギー・ビールの項に述べることにする。ここでは、日本で、一般的に使用されている副原料として、糖質副原料について説明する。

　前章の第三節で詳しく説明したように、アルコール発酵は酵母が糖分を分解して行われるものだ。日本酒では米のでんぷんを麹菌（こうじきん）によって糖化させたものを、ビールでは麦のでんぷんを麦芽の酵素で糖化させたものを、ワインではブドウ果実の果汁がすでに果糖（発酵可能な二糖類）なのでそのまま、これらを酵母の餌として発酵させる、というわけだ。

　このように、主原料に含まれる糖分を用いてアルコールを生成するのが醸造酒の基本であるが、より安価なでんぷんを使用すれば、より安価にアルコールを生成することができる。こうしたでんぷんのことを糖質副原料と呼ぶのだ。世の中には「醸造用アルコール」というものがあるが、これは安価な糖質材料を酵素で発酵可能な二糖類にし、酵母で発酵させたものを蒸留したものである。

日本酒では、純米酒以外は、醸造用アルコールを添加しているが、ビールの場合は、もっと安価にアルコールを添加できるのである。わざわざ製品化された醸造用アルコールを買ってこなくても、ビールを造る工程で、仕込み時に「糖質副原料」の米やトウモロコシを高温の釜で糊（のり）状になるまで液体化させ、麦芽から得られた麦汁と一緒の仕込み釜に投入すれば良いのだ。すると糊状のでんぷんは、麦芽に含まれるアミラーゼの作用によって糖化されるというわけだ。

こうしてでき上がった麦汁は、麦芽由来の複雑な味わいの無い、単純な糖類が含まれる分、味わいの薄いものができ上がる。言い換えると、よりすっきりした味わいとなる。味があれば、美味しいと思う人もいるが、そうでない人もいる。すなわち好みというものが出てくる。従って、大量生産、大量消費には、味は少ないほうが良い。しかも安くできるのであれば、大規模メーカーにとってはこんないいことはない。かくして大手メーカーしか存続できなかった（理由は第六章）わが国では、「ビールとはのどの渇（かわ）きを潤（うるお）すアルコール飲料」として定着してしまったのである。

発泡酒の造られ方

さて、でんぷんを麦芽から抽出されたアミラーゼで糖化するといっても限度がある。日本の酒税法では、原材料の三分の一以上の副原料を使用すると、ビールではなく、発泡酒である、と決められている。もともと、この程度が、自然に麦芽から抽出してできるアミラーゼで副原料のでんぷんを糖化できる限界であり、これ以上副原料を混ぜれば、発酵できないでんぷん質が残ってしまい、まともなビールなどできない、と考えられていた。

それでは、麦芽使用比率二五％未満などという、現在売れまくっているわが国の発泡酒とはいかなるものか、という疑問がわいてくるであろう。答えは簡単で、人工的に酵素を追加しているのだ。戦後間もない頃、酒がなくてエチルアルコールを薄めて飲んだという話を聞いているが、製法から考えれば、ビールにエチルアルコールを混ぜたものとどれほど違うのかと思う。そんなものをこぞって飲まねばならないほど日本人は貧しいのであろうか。この問題については、第六章で改めて論じたい。

4　酵母――ラガーとエールの分かれ目

酵母の発見

ビールに限らず、酒類は酵母のおかげで有史以前から人類に多大な幸福をもたらしてきたのであるが、酵母の発見は比較的最近のことである。顕微鏡ができた一七世紀には、発酵中のビールの中に、なにやら小さな粒子がたくさんあることは気づかれていた。だが、それが何をしているか解明されたのは一九世紀になってからであった。

ヨーロッパでは、酵母はビールだけでなく、パン造りにも欠かせないものである。これらの製造中に顕微鏡に見えた微粒子が砂糖（サッカロース）を消費していることが突き止められたのは一八三八年。以来、これらの酵母は、サッカロマイセス属と呼ばれるようになった。その中の一つであるビール（ラテン語でセルベシエ）酵母は、学名をサッカロマイシス・セルベシエという。ビール製造におけるビール酵母についての知見が高められたのは一九世紀の後半であり、フランス人の微生物学者、パスツールによってである。

ビール酵母の大きさは七〜九ミクロン程度であり、人の赤血球と同じ程度である。醸造所では、発酵に使用する酵母の密度を測定したりするが、一般的には、赤血球の数を調べるのと同じ格子付きのプレパラートを使用してカウントしている。

様々な酵母とビール酵母

アルコール発酵をする酵母、すなわちサッカロマイセス属の酵母には、ビール酵母の他に、日本酒酵母、ワイン酵母、パン酵母など、様々なものがある。

わかりやすい区別として、もっとも発酵力の旺盛なのはパン酵母、次はワイン酵母や日本酒酵母、最後にビール酵母、という順序である。パンの場合は、発酵生成物の味は無くてよく、パン生地を膨らませるために、どんどん発酵してくれれば良いのであるから、微妙な味を出すようなデリカシー（？）は不要なのだ。しかし、アルコール飲料を造るにはそうはいかない。何でもかんでもどんどん発酵して水と炭酸ガスまで分解されては困る。そこで酵母に対し、酸素の補給路を断って、いわば、じっくりと糖類を不完全消化してもらうわけだ。

アルコールは、酵母にとっては排泄物であり、微生物を消毒する作用のある「嫌な」ものだ。ワインや日本酒の酵母はかなりたくましいので、アルコール度が一〇％を超えても生息しつづけて発酵を続けるが、ビール酵母は軟弱で、せいぜい六％程度のアルコール度に達するとギブアップしてしまう。

大別すると、このような差があるが、ビール酵母といっても、数多くの種類がある。学名としては同じであっても、特徴は様々だ。これは人間で考えても同じことで、肌の色にとどまらず、日本人だって地方によって顔の特徴があったりする。

世界の多くの研究所や醸造所で、世界中の様々な地方で育まれてきた様々な特徴の酵母を選別して培養している。中には、ビール酵母でもかなり高いアルコール度に耐えるものもあるし、さっさと発酵をやめてしまうものもあり、実に様々だ。大手メーカーでは自社でこれらの酵母群を培養しているが、小さいメーカーでは、酵母メーカー（研究所だったりするが）から造りたいビールのスタイルに適した酵母を特定して購入している。

ラガーとエールの違いは酵母の違い

ビール酵母の種類は非常に多いが、大きく二種類に大別できる。ラガー酵母とエール酵母だ。

ラガー酵母でできるビールがラガー・ビールであり、エール酵母でできるのがエール・ビールである。従って、ラガーといっても、何百種類もあって、色も薄いのから真っ黒まであるし、苦味も味もそれぞれだ。エールも同様である。日本では、キリンビールから「ラガー」という名前の商品がでていて、商品名と混同されがちなので、気をつけて頂きたい。

このように、ラガー酵母だからどのようなビールになるのか、というようなことは一概に言えないが、あえて、ラガー酵母とエール酵母、それぞれの特徴を述べてみよう。

ラガーの特徴

日本の大手メーカーのビールのほとんどはラガー・タイプのビールであり、日本でなじみ深いビールである。エールが一般的に一八度Cから二二度C程度で発酵させるのに対し、ラガーでは五度Cから一〇度C程度で発酵させるのが一般的だ。酵母は、発酵の過程で一〇〇%エチルアルコールを作るわけではなく、果物のような香りを放つ物質（エステル）や薬品様の刺激臭にもなりうる物質（分子量の大きい高級アルコール）なども生成する。酵母は一般的に温度が高いほどエステルを生成しやすいという性質がある。従って、ラガーは、エールよりもエステル成分が少ないこともあり、すっきり仕上がるものが多いという特徴がある。

ラガー酵母は発酵が終了すると発酵層の下に沈むことから、「下面（かめん）発酵酵母」と呼ばれている。この言葉はちょっと誤解を生みやすい。下面発酵というので、麦汁の底で発酵すると思う人がいるが、そうではない。発酵は液の全体で起こり、発酵を終了してお役ごめんになった酵母が下に沈んでくるのだ。また、ラガー・ビールのことを「下面発酵ビール」ということもある。

歴史的にみると、ラガー酵母は、一五世紀後半に寒いドイツで冬の間保存しておいたビールを春に出してみたら妙にうまかった、ということで発見されたタイプのビールの酵母であり、ビール何千年の歴史から見れば新参者だ。といっても、発見された当時は、酵母が微生物であることは知られていなかった。最初は、「なぜか寒い冬でもビールが変化して美味しくなっていたぞ」ということで、酵母の違い、ということでなく、製造工程の違い、という認識であった。「低温での長期保存」という工程がその特徴だ。ドイツ語で、この保存のことを「ラガー」というのが、ラガーの語源である。

さて、このラガー酵母は、五度Cという寒いところでも発酵する能力があり、伝統的なドイツのラガーの製造法では、八度C以下で一週間程度、その後、五〜〇（あるいはマイナス二）度C程度にまで冷やしながら一ヵ月程度熟成させて仕上げるのが一般的だ。

エールの特徴

エール酵母は生物的な能力としては一三度C位から三八度Cくらいの温度帯で発酵が可能であるが、一般的なエール・ビールとして好ましい結果を得るには、一八度Cくらいから二二度Cくらいが適した温度帯である。エステル香は場合によっては人間にとって望ましい香りもあり、フルーティーな香りを特徴とするエール・ビールも多い。地ビールの宣伝文句によくみかける「フルーティーな香り」というのは、何もフルーツや香料を入れているわけではなく、酵母の発酵による香りである場合が多い。

エール酵母は、ラガー酵母と違って、発酵が終了すると液面に浮上してくる。従って、エール酵母のことを「上面発酵酵母」と呼ぶこともある。また、エール・ビールを「上面発酵ビール」ともいう。しかし、エール酵母も、液温を下げると、殻が重くなり、下に沈殿してくる。

一般的なエール酵母は数日の間に力強く発酵し、発酵の期間はラガー酵母に比べて短い。エール酵母を使ったビールの多くは一〜二週間で飲めるようになる。

これはメソポタミア文明、古代エジプト時代から人類に喜びを与え続けている、歴史の長い酵母であるが、現在の世界のビール市場では、圧倒的にラガーに押されている。エールといえば、イギリスやベルギーのビールというイメージが強いが、消費量でいえば、ベルギーでもラガーのほうが多い。また、「イギリスではビールを冷やさない」と文句をいう人も多いが、香りを楽しむエールの場合では、あんまり冷やしすぎてはその良さが楽しめないのであるから、楽しみ方を変えて飲んでいただきたい。

もちろん、それぞれ例外があるので、決め付けるのは控えていただきたいが、あえていえば、ラガーのほうが大量消費向け、エールのほうはじっくり系、と大別できる。

エールの本家、英国事情

第一章で述べたように、「エール」というのは古い英語である。五世紀頃にこの地に渡ったゲルマン民族の一派（アングロ族とサクソン族）が広めたといわれる麦芽を使用した酒＝ビールに付けられた名称だ。

そして、その後も英国ではビールのことを「エール」と呼んでいた。英国で、「ビール(beer)」という言葉が使用されたのは、英国でホップの使用が認められた一七世紀に入ってからのことである。それまでの「エール」は苦くなかった。ホップを使用して、腐敗が少なくなった新しいエールは、それまでの苦くないエールと区別して、“beer”（ドイツ語では同じ発音で綴り（つづり）は“bier”）と呼んだ。

以後、あっという間にホップの使用が主流になるが、二〇世紀になっても英国での主要なビールは昔ながらの「エール」であった。しかし、最近ではラガーが製造量でエールを上回っている。それでも半分近くがエール、という国は世界的にはめずらしく、さすがエールの本家である。

酵母の栄養素

以上が、ラガー酵母とエール酵母の特徴である。

ビール酵母については、ビールを造るというよりも、最近では、その栄養素が着目されている。ビタミンB群が豊富というのがその理由であるが、実はビール酵母の約五〇％は良質なタンパクでできており、日本人に都合が良いことに、そこには白米では得にくいタンパクの成分が多いのである。従って、白米を主食とする日本人にとっては、タンパク補給の意味で、良い補完関係にあるのだ。

しかし、これも、ビール酵母を錠剤のように大量に摂取してこそ意味もあろうというもので、ビールに含まれている酵母は微量であることをお忘れなく。さらに、大手メーカーの「生」ビールでは、第二章で説明したとおり、ほとんどビール酵母は存在しない。

5　水の良し悪し

まずい水から美味しいビール？

ビールのほとんどの成分は水であるから、仕込みに使用する水とでき上がるビールの間には密接な関係がある。しかし、だからといって、美味しい飲料水で造れば美味しいビールができる、というわけではない。

有名なベルギー・ビールを造る醸造所の多くは、ワロン地区と呼ばれる南ベルギー一帯にある。このあたりの地下水は天然の炭酸ガスが湧き出るほどの硬水で、必ずしも飲料水として優れているとはいいがたい。しかし、造られるビールの奥深い味わいは、この水でなければ造れないのだ。

一般的に、硬度の高い水は味わい系、軟水はすっきり系のビールに向いている。また、塩素イオンが多いと甘みを、硫酸イオンは苦味を強調する、という傾向も良く知られている。

仕込み水とpH

さて、こうした味の傾向以前の問題として、ビール醸造の際に留意せねばならないのが、カルシウム・イオンと重炭酸イオンである。麦汁を煮込む過程で、カルシウム・イオンはリン酸と反応し、水素イオンを放出して麦汁のpH（ペーハー）を下げる働きをする。一方、重炭酸イオン（炭酸水素塩）は、煮沸によって沈殿する際、炭酸ガスと水酸基に分解され、pHを上げる働きをする。

麦汁の中でアミラーゼが有効にでんぷんを分解するには、pHは五・四以下であることが望ましい。しかし、極めて硬度の低い軟水で麦汁を作ると、pHは五・四よりもずっと高くなってしまうことがある。このような水しか得られない場合は、カルシウム・イオンを添加するといった措置をとることが望ましいのだ。

また、重炭酸イオンが多い（＝一時硬度が高い）水しか得られない場合は、酸による水和（すいわ）を行うなどの前処理を行うことも多い。

古くからビール造りが行われてきたヨーロッパでは、その土地で得られる水の性質に適したビールが造られてきたわけであるが、水の性質がコントロールできる今日においては、水源の水質はさほど問題でない。ベルギーのワロン地区のような稀有（けう）な水質を活かしたビールを造る地ビールのようなものは大いに結構だが、技術的な観点からすると、水源の水質に頼らねばならないというのでは、むしろ技術力に問題があるといわざるを得ない。

現代のビール醸造に求められる水源としては、飲料にできないようでは困るが、とにかく飲める程度の品質であれば、豊富なことが第一の条件である。できれば、安価でしかも水質が一定であることが望ましい。造るビールによってイオンのバランスを整えやすいからである。つまり、安全、安価で安定した地下水が得られない場合は、水道水で十分なのである。

2. 今後、出版を希望されるテ
らお教えください。

3. 最近お読みになった本で、面白かったものをお教えくださ

小社発行の以下のものをご希望の方は、お名前・ご住所をご記入ください。

・学術文庫出版目録　　希望する・しない

・選書メチエ出版目録　　希望する・しない

〈ご住所〉

〈お名前〉

ご記入いただいた個人情報は上記目的以外には使用せず、適切に取り扱いいたします。

郵便はがき

112-8731

東京都文京区音羽二丁目十二番二十一号

講談社
…図書編集 行

ご購読ありがとうございました。今後の出版企画の参考にさせていただきますので、ご意見、ご感想をお聞かせください。

■ご購入いただいた本
シリーズ（いずれかに丸をつけてください）　学術文庫　選書メチエ　単行本
書名

■お住まいの地域　〒□□□-□□□□　都道府県

■性別　1 男性　2 女性　■年齢　歳

■ご職業　会社員　公務員　教職員　研究職　自由業　サービス業　主婦　大学生　短大生　各種専門学校生　高校生　中学生　経営者　無職　その他（　）

TY 000045-1904

第四章　ビールのスタイル

【演習問題4―1】ビール通に目覚めてきたAさんだが、次の発言は信用して良いか。

A「ビールといえばドイツ。ドイツといえばラガー・ビールだよ。中でもミュンヘン。オクトーバフェストっていうビールの祭りもあるし、ドイツのなかでも一番たくさんビールを造っているんじゃないかな」

【演習問題4―2】Aさんの怪しいビール話は続く。

A「ヨーロッパにはクリスマス・ビールってのもあるんだよ。どんなのかって……そりゃ、クリスマスなんだから、シャンペンみたいに軽くて飲みやすいものだと思うけどなぁ」

これまで述べてきたように、ヨーロッパには様々な種類のビールがある。すでに実際に飲まれた経験のある読者も多いと思う。しかし、ビールの原材料と製造方法についての知識を得てから、これらのスタイルについて知ることは、それらのビールを飲む際の楽しみを倍増することであろう。

ヨーロッパとひとくちにいっても数多くの国があり、どの国にも美味しいビールがある。本書では、個別の銘柄を紹介するのではなく、歴史的に育(はぐく)まれて広く認知されている「スタイル」を紹介することを目的とする。デンマークやオランダは、それぞれ、カールスバーグやハイネケンといった世界的に有名なビール会社はあるが、歴史的にオリジナリティーのあるスタイルを育んできたとは言い難(がた)い。そうした観点からみると、ヨーロッパのビールのスタイルは、以下にあげる五ヵ国の代表的なものをおさえておけば良いであろう。

1　ドイツのビール

紙上ビール紀行

ビールといえばドイツ、なかでもドイツ南部に位置するバイエルン地方のミュンヘンは、ビールの都などと呼ばれている。市庁舎の地下にビア・レストランがあるほどだ。一〇月最初の週末までの一六日間開催される、オクトーバフェストというビールのお祭りも有名である。

ドイツには現在でも全国に一二〇〇社以上のビール会社があり、町を移動するたびに、そ

デュッセルドルフのアルトビール醸造所併設のレストラン「ツム・ユーリゲ」

こでしか飲めないビールに出会うことができるといっても過言ではない。ドイツでは旅をしたらその町のビールを楽しむというのは当たり前で、これをビア・ライゼ（Bier-Reise＝ビール紀行）という。では、さっそく、紙上でのビア・ライゼをお楽しみ頂こう。

ドルトムンダー――ラガーの傑作

確かにドイツのビールの街として有名なのはミュンヘンであるが、ドイツでビール醸造量がもっとも多いのはドルトムントで、ドイツ全土の生産量の約四分の一を占めている。まずは、ドルトムントのビールから紹介しよう。

ヨーロッパのビールというと、濃厚なベルギーのビールや小麦を使用したヴァイツェンのように、日本のビールとまったく違うタイプのビールを思い浮かべる人も多いであろう。こういったビールの場合は、そもそも日本のビールとあまりにもスタイルが異なるので比較しようもない。また、これらのビールの場合は、日本のビールに慣れた方には馴染（なじ）まない可能性もある。しかし、ドルトムンダーに関しては、日本のビール・ファンであれば、おおかた誰でも好きになれるタイプのビールだと思う。

どんなビールかといえば、色は、日本のビールよりもちょっと濃い目。一見これという主張はなさそうに見えるのに、飲んでみると何ともいえないバランスのとれたうまさがある。ドルトムントの水は極めて硬水である。これではホップの苦味とのバランスが難しそうに思えるが、長年の試行錯誤の極みなのであろう、心地よい苦さに保たれている。派手さはないが、静かなるラガーの傑作である。

ボック——ビール王国の代表作

ボックの最も顕著な特徴は、何と言っても醸造に使用している麦芽の量が多いことだ。このため、ビールのアルコール度も六％から八％の間くらいと高めのものが多い。色はスタンダードなボックでは濃い褐色をしている。色が濃いのは、もちろん深く焙燥した茶褐色の麦芽を使用しているからである。バイエルンの硬水とマッチして、マイルドで、麦の深い味わいが感じられる。苦味やすっきり感を楽しむビールとは言い難い。

茶褐色のビールというと、エール・ビールを思い浮かべる方も多いかもしれないが、現在のボックは一般的にはミュンヘンを中心とするバイエルン地方で造られるラガーである。しかし、歴史をひもとくと、元祖ボックは北ドイツに位置するアインベックで造られていたものであり、こちらのボックはエールである。詳しいいきさつは第一章で述べた通りである。

実は、私もミュンヘンに行ったとき、そのボックによるビール王国「バイエルン」の発祥ともいうべきホーフブロイハウスを訪れた。スタンダードなボックであるマイボック（Maibock）もさらに濃厚なデリカトール（Delicator）も飲んでみた。ここはすっかり観光地化されているので、すっかり「おのぼりさん」であるが、この際、おのぼりさんどころかバイエルン公国時代のバーバリアン（バイエルン民族）になりきって楽しむのが得策だ。

しかし、もっと通な地ビールを求める方は、バイエルンでも北部に位置するフランコニア（フランケン）地方がお勧めである。今でも昔ながらのボックを造る小さな醸造所がたくさんあるので、ビール紀行（ビア・ライゼ）を試してみていただきたい。

ラオホ——スモークされた味わい

さて、フランコニア地方といえば、バンベルクのラオホ・ビールを試していただきたい。麦芽を作る工程で、焙燥の際にブナの木のチップでスモークするのだ。燻製（くんせい）になった麦芽は、その香りと燻（いぶ）した茶色をビールにまで引き継ぎ、独特の味わいを引き出している。

ところで、ビール以外で麦芽を原材料とする酒として、モルトウィスキーがある。モルトウィスキーの麦芽とビール麦芽の大きな相違点として、麦芽を焙燥する際に、ウィスキー麦芽は、ピートと呼ばれる泥炭（でいたん）で燻すことが挙げられる。この煙香（えんこう）がスコッチの特徴を造っているのだ。ラオホは、泥炭ではなく、ブナの木のチップだが、似たような煙香が楽しめるというわけである。

日本では、山梨県にある富士桜高原麦酒がこの煙香のついた麦芽を輸入してラオホ・ビールを醸造している。ここでは、日本の地ビール・メーカーとしては珍しく、オープン・ファーメンターという非密閉型の発酵槽を使用している。その分、醸造スタッフのたゆまぬ努力によって、清掃・消毒は素晴らしく行き届いており、いつ見ても綺麗で気持ちのよい醸造所である。

デュンケル──ビールの元祖

デュンケルとはドイツ語で「黒い」「暗い」という意味だ。ドイツでは、黒、または濃い褐色のビールを総称して「デュンケル」と呼ぶ。つまり、デュンケルといっても様々なものがあるわけで、その特徴を一口で述べることはできない。にもかかわらず、デュンケルが特定のスタイルを指す呼び方（ボックや、ピルスナーなど）と混同されていることもしばしば見受けられる。

（上）バンベルクのラオホ醸造所
（中）仕込み釜（下）貯蔵樽

シュバルツというのも同様で、一般的に黒い色のビールのことであり、特別に、ボディー（コク）がある・ない、といったスタイルの特徴を示す言葉ではない。

しかし、シュバルツとデュンケルでは、ニュアンスは大きく異なる。デュンケルは、ゲルマン民族にとっての主要なアルコール飲料であるビールの元祖なのだ。一九世紀までは現在のような色の薄い麦芽はなかった。だから、ドルトムンダーもラオホも、それから、以下に出てくるミュンヘナーも、さらにいえば、ピルスナーも含めて、デュンケルから派生してきたものなのだ。だから、「デュンケル」といえば、単にドイツの黒いビール、というよりも「ドイツの昔ながらのラガー・ビール」というニュアンスなのである。

ミュンヘナー――最新麦芽の応用

一九世紀頃になって淡色麦芽を作る技術ができてきたころ、ミュンヘンでも、それまでの黒っぽいものだけだった麦芽に加えて、赤みがかった麦芽が作られ始めた（現在でも、赤みがかった程度の麦芽はミュニックモルトと呼ばれている）。その当時、最新の麦芽で醸造されたデュンケルは、もはや黒ではなく、赤みがかった褐色のビールとなり、人気を博した。このように一九世紀にミュンヘンで定着した色の薄めのデュンケルの新種（スタイル）が、ミュンヘナーと呼ばれるものである。

ミュンヘナーは、ホップによる苦味や香りの少ないものが多い。やや焙燥した麦の香りが残るものの、基本的にはラガー特有のすっきり感が楽しめるビールである。

考えてみれば、単に、当時の最新の麦芽を使っただけなのであるが、これが広まったのがミュンヘンから、というところに着目すると、この当時、既にミュンヘンがドイツでもビールの中心であったということがしのばれる。第一章で、それまで北ドイツに負けっぱなしの南ドイツに位置するバイエルン公国が一七世紀から取り組んだビール醸造技術について述べたが、その成果は、一九世紀にはゆるぎないものになっていたようだ。

バーバリアン・ビール

「バーバリアン・ビール」という呼び方がある。文字通り、バイエルン地方で造られたビールのことである。だからといって、この次に説明するヴァイツェンをバーバリアン・ビールと呼ぶ人はいない。

では、どんなビールならば堂々とバーバリアン・ビールと呼ぶかというと、やはりその代表格は、ミュンヘナーに限られるであろう。でも、「どこまでが赤いミュンヘナーで、どこから黒いデュンケルか」という明確な区切りはない。

私はミュンヘン市内で、ミュンヘナーと称してかなり黒い（デュンケル）ものを見かけたことがある。このことを考えると、そんなに呼び名を気にしているとは思えない。

醤油ラーメンと東京ラーメンの特徴と関係を定義付けても、少々無理があって、実際に多くの人が納得できる内容にするのは難しいし、消費者にとっては無意味であろう。バーバリアン・ビールとミュンヘナーも、そのような関係にある。

ヴァイツェン――濁りのうまさ

バイエルンに昔からある伝統的なエール・ビールがヴァイツェンである。ヴァイツェンの特徴は、すっきり系のラガーとはまったく異なり、苦味は極めて少なく、バナナにも似た芳香と甘さをはっきり感じる味わいがあることだ。濾過(ろか)していないものが一般的で、濁っている。濁りの原因は、浮遊している酵母とタンパク。最近では、濾過して透明にしたクリア・ヴァイツェンというのもあるが、バイエルンっ子に言わせれば、邪道とのことだ。濁っているものは、Hefe(へーフェ=ドイツ語で酵母)と表示してあることが多い。こちらのほうが伝統的なものだし、栄養分もたくさん入っているのでお勧めだ。

このビールは、通常、日本人が飲んでいる(大手の)「ビール」とはまったく異なる味わいだ。初めて飲んだ日本人の反応は、たいてい真っ二つに分かれる。

「何と美味しい！　こんなビールがあったのか!!」と感嘆する。あるいは、「何だこれは！こんなのビールじゃない!!」と激怒する、のどちらかだ。

「こんなのビールじゃない!!」という人は、飲む前から、日本の大手メーカーのビールに対するのと同じ〝すっきり感〟や〝喉越(のどご)し〟を期待してしまったからにちがいない。

ヴァイツェンは、そもそも喉越しとは無縁のビールだ。このビールを初めて試すときは、「ビールの持つ味と香り、ビールそのものの美味しさを十分に味わおう」というおおらかな気持ちで臨んでほしい。そうすればきっと、「何と美味しい！　こんなビールがあったのか‼」と感嘆することだろう。せっかく一回きりのビール人生（？）である。一つでも多く楽しめるビールを増やしたいものである。

さて、ヴァイツェンの味と濁りについて、原材料の観点から説明しておこう。まず、ビール酵母が生きたまたくさん浮遊している、ということが挙げられるが、これは麦芽に小麦麦芽を半分程度用いることも起因している。小麦にはタンパクが多く、タンパクはビールを濁らせる。小麦麦芽は、適度な酸味を出すことにも貢献している。バナナに似たような香りは、ヴァイツェン特有の酵母が発酵の過程で作りだすエステル化合物の仕業（しわざ）である。一部のベルギー・ビールのようにフルーツを使用しているのではない。

バイエルンでは、ヴァイツェンのことを、単純に「ヴァイス・ビア（小麦のビール）」ということが多い。しかし「ヴァイス・ビア（小麦のビール）」＝「ヴァイツェン」というのは、バイエルンの外に出てしまうと必ずしも通じない。小麦からできているビールは、他にもいろいろあるからだ。ベルリンには「ベルリーナ・ヴァイセ」というアルコール度の低いビールがあるし、ベルギーの「ホワイト・ビア」も小麦のビールということで有名だ。しかし、バイエルンで注文するときは別。「ヴァイス・ビア」といえば、「ヴァイツェン」に決まっているのだ。

メルツェン――腐敗防止の工夫

メルツェンとはドイツ語で三月のこと。三月に仕込んだ特別なビールが、メルツェンというわけだ。では、三月に仕込んだビールはどこが特別なのだろうか。

冷蔵技術が未発達だった近代、ラガー・ビールは冬の寒い時期に仕込まなければならなかった。気温が上がる夏まで貯蔵されたビールは腐敗してしまう危険性があったからだ。日本酒の寒仕込みと同じである。従って、冷蔵技術が発達するまでは、三月を過ぎてからラガーを造るのは困難だった。そこで、夏に向けて最後の仕込みとなるのが、この三月（メルツェン）ビールだったというわけだ。夏の保管の際、ビールが腐敗しないように気をつかったことが、結果としてメルツェン・ビールの大きな特徴となっている。

腐敗対策の一つは、アルコール度が高いこと。アルコール度が高い、ということは、発酵前の糖度が高い、ということだ。また、抗菌作用のあるホップを多めに使用したことも特徴のひとつである。

すなわち、メルツェンはビールの原材料である麦芽とホップの量が多い贅沢なビールであるといえるだろう。しかし、会社によって、色も黄金から茶色まで色々あり、「これがメルツェンのスタイルです」と規定するのには少々無理がある。

ビールの祭典、オクトーバフェスト

毎年ミュンヘンで開催されるオクトーバフェスト。今では世界的に有名なビールのビッグ・イベントになっている。オクトーバフェストは、一〇月最初の日曜日までの一六日間、すなわち、秋からの仕込みが始まる九月の終わりから行われる。もとは、この時期まで腐敗せずに持ちこたえたメルツェンを、ミュンヘンの主要ビール・メーカー六社が持ち寄って飲みまくる大きなお祭りだった。

オクトーバフェスト会場入り口。ビールへの期待に満ちた人々

表向きは「夏までビールが腐敗しなかったことへの感謝のお祭り」ということになっているが、実際には新酒ができる前の「在庫処分」から始まったといういきさつが真実のようである。きっかけは何であれ、ビール・ファンにとって楽しみなイベントであることは確か。冷蔵技術が発達した今日ではビールが腐敗することもないので、在庫処分どころか、出店各社は世界中から集まってきたビール・ファンに味わってもらうために、「腕によりをかけたビール」をオクトーバフェストに出品してい

ると言われている。

かつてはオクトーバフェスト・ビール＝メルツェン・ビールだったが、現在では、必ずしもそうではなくなった。各社がオクトーバフェスト用に、「これが当社のオクトーバフェスト・ビール」と宣言したものが、オクトーバフェスト・ビールなのだ。基本的には日本でよく飲まれている淡色ラガーのちょっと濃い目のビールである。

オクトーバフェストでは、一リットルのビール・ジョッキでのみビールがサーブされる。小さなテントでは、五〇〇ミリリットルのジョッキでもこっそりと売られているが、これを飲むのは邪道。だから、ミュンヘンの六大ビール・メーカーのオクトーバフェスト・ビールをすべて飲みたい人は、一日に六リットルを飲めるように訓練するか、何日かに分けて会場を訪れなければならない。

……これだけでは不親切なので、念のためにお勧めをはっきり書くと、三日間かけて攻めることだ。実は私は一日で強行突破を試みるも、三・五杯飲んだところから記憶をなくしているのであった。つまり、お勧め、というよりは、反省である。

とにかく会場は、「ビール好きの新興宗教」といった大きな盛り上がりである。定期的に乾杯の歌というようなものが流れ、皆で立ち上がって一リットルのジョッキを持って「プロースト！」と乾杯するのだ。別にこの乾杯は、ロシアや中国の乾杯のように飲み干す必要などない。しかし、この雰囲気は、自分の胃袋が、大笑いしながら一緒に乾杯した隣席のでっかいドイツ人と同じくらいあるような幻想を抱かせるのに十分だ。やはり、六社制覇には、一日二社（二リットル）程度に抑えておくのが得策と思う。

ヘレス——淡色ビールの雄

ミュンヘナーの説明で、一九世紀の麦芽の技術革新によって、色の濃い目の麦芽しかなかったものが、赤みがかった麦芽の焙燥ができるようになったと述べた。一九世紀の後半になると、この技術はさらに発達し、現在のビールに近い淡色の麦芽も作られるようになった。

バイエルン地方でも、この淡色麦芽を使用して色の薄いビールを造った。それがヘレスである。ヘレとは、ドイツ語で「色が明るい」という意味である。だから、バイエルンで生まれたラガーは、「色の濃いデュンケル」から、「赤みがかったミュンヘナー」、そして「色の薄いヘレス」に進化してきたわけだ。もちろん、デュンケルもミュンヘナーも未だに健在であり、元のものが廃れたというわけではない。新たなラインアップが揃ったという感じである。

デュンケルが漠然と色の黒いラガー、という感覚であったように、ヘレスも醸造所によって様々な味があり、一般には、ドイツの色の薄いラガー・ビールを表現する言葉と考えたほうが適切かも知れない。

ヘレスの特徴をあえていえば、苦味が少なく、口当たりがスムースなものが多いようだ。

ところが、ピルスナーが軟水で造られているのに対し、バイエルンの水は硬水であることから、バイエルンの人たちは、ヘレスを水とのバランスを活かしてソフトなビールに仕上げた。苦味の少ない点が、チェコのピルスナーとの決定的な違いと言えるだろう。

以下は、ビール学の世界的権威であるバイエルンのデーメンス・ビール醸造大学のシュテムペル校長から聞いた話だ。

ドイツを公式訪問中のサッチャー元首相を招いての晩餐会の席上、ドイツの誇るデュンケルが乾杯用に一同に注がれた。乾杯の挨拶に立ったサッチャー氏は、挨拶の最後に"Toss to your health!"（皆様の健康に乾杯！）と言った。最後のhealth（ヘルス）の発音が、ヘレス（Helles）によく似ている。そこで、コール元首相はすかさず、これはヘレスではないぞ、と言わんばかりに"Toss to your Dunkels!"（デュンケルに乾杯！）と言い、大爆笑の渦が起きた。

ビール大国の首相同士の晩餐会に相応（ふさわ）しいジョークではないか。このジョークにピンとくるようになれば、あなたも立派な「ビール通」なのである。

アルト——伝統的製法の誇り

これまで、バイエルンのラガーの活躍を中心にドイツのビールを説明してきたが、北ドイツでは、昔ながらのエール・ビールを今でも結構造っている。こうした、歴史的に古い製法で造られているエール・ビールのことを一般に「アルト（ドイツ語で『古い』）・ビアー」という。

ラガーが発見された頃、北ドイツではバイエルンのラガーのことを「ノイ（新しい）・ビアー」と呼んでいたので、アルトの名には元祖ドイツ・ビールの誇りを感じる。古い、とい

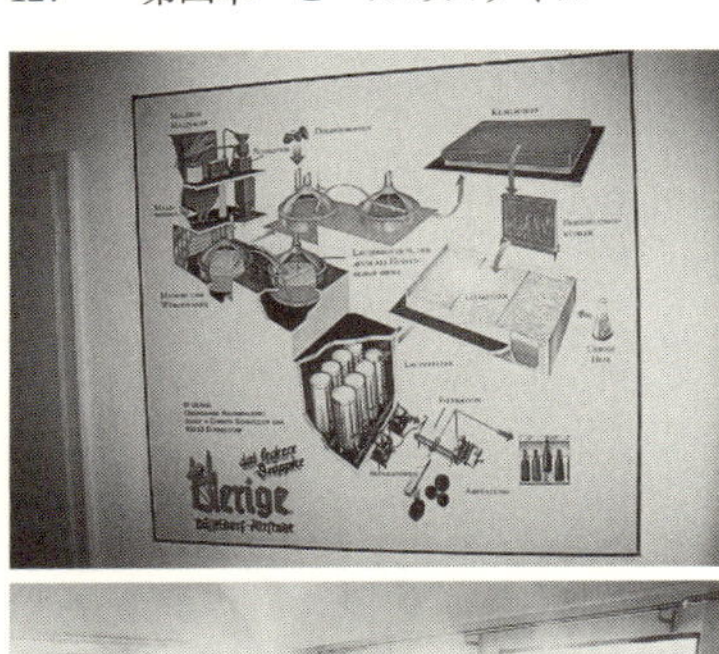

（上）デュッセルドルフのアルト醸造所――全景図（中）仕込み室。何と窓を開けて自然冷却している。冷えたら、下階の発酵槽へ（下）発酵槽

えば、昔は淡色の麦芽がなかったことを思い出そう。つまり、アルトといえば、赤みがかった色のものが多い。

現在、単に「アルト」というと、デュッセルドルフのアルトが有名だ。ホップのちょっと爽やかな香りが特徴だ。ホップの苦味もはっきり感じられるビールである。

ケルシュ――エールの入門版

ケルシュはケルン市で造られている色の薄いエール・ビールである。特徴は、ピルスナーのエール版……と言ってはあまりにも大雑把(おおざっぱ)でケルンの方々に失礼な説明になってしまうが、英国のエールほど芳香に特徴がなく、すっきりとして飲みやすいエールである。

これはおそらく、ピルスナー・タイプの味に慣れている日本人にも親しみやすいビールではないだろうか。日本の地ビール・メーカーでも数多くこのタイプを採用している。癖がなく飲みやすいため、地ビール入門編としてお薦めだ。

ベルリーナ・ヴァイセ――ジュース代わりに楽しめる

ドイツといえば、美味しいビールというイメージがあるにもかかわらず、ドイツを旅行してきて「ドイツのビールは、とんでもなく不味(まず)かった！」という人もいる。もしも、その人のコメントが、「まるでジュースのようだった」というのであれば、飲んだのは、ベルリーナ・ヴァイセだといってよいだろう。

アルコール度は三％以下のものが多く、ジュースと言われても仕方がないのだ。そもそもそういうビールなのだから。ベルリーナ・ヴァイセの多くは、甘酸っぱい味がする。酸っぱいのはビール酵母に加えて乳酸菌を使用しているからだ。これはベルギーのヴァイス・ビアに似ている。ベルリーナ・ヴァイセは、出され方からしてビールらしくない。脚付きのグラスにストローまで付いて出てくるのだ。中にはラズベリー入りというものまである。

ところでヴァイスとはドイツ語で「白」のことだ。白、といっても本当に真っ白いわけではない。「白っぽい」ということだ。何故ビールが白っぽいのか、というと、大麦の他に小麦を使用しているからで、この特徴は、ミュンヘンのヴァイツェンやベルギーのベルジャン・ホワイトでも同じである。

ケルンのケルシュ醸造所直営のレストランで。運んでいるのはもちろんケルシュ

こんなビールであるから、日本のビールに対する期待感を持ってベルリーナ・ヴァイセを飲んだら、確かに「まずいビール」になるのもうなずける。日本では「水代わりにビール」ということがよくあるが、ベルリンでは、「ジュース代わりにベルリーナ・ヴァイセ」といったところだろうか。それを知って注文すれば、ビールの奥深い楽しみ方を広げら

れることと思う。

2　チェコのビール

ビール優先の国民性

チェコのラガー・ビールは世界的にもレベルが高い。プラハには、「ウ・フレク」というドイツ人観光客も足を運ぶ醸造所があるほどだ。しかし、チェコは経済的に世界の表舞台に出るような力がないせいか、素晴らしいビールを持っている割には、ドイツやベルギーほど有名とはいいがたい。もっとも、チェコ人のビール好きは良く知られていて、国民一人あたりのビールの消費量は、日本人の約二・八倍である。

昔、あるチェコの映画で、「地下室の七段目の具合はどう?」というやり取りがあり、これは、七段目だと、最適温度の六度Cになっている、ということで、その家庭のビール保存状態をほめたものである、ということが紹介されたことがあった。ビールよりも商売に関心のある関西での挨拶(?)が「儲かりまっか」のように、チェコではビールが日常会話に登場する数が多いという。ちなみに、私の友人がチェコに旅行したとき、「どのくらいビール飲むの?」と聞いたら、このくらい、と両手を広げて、七〇センチくらいの幅を示したというのだ。チェコでは、五〇〇ミリリットルのジョッキが標準なので、そのジョッキをずらずら並べて、七〇センチくらいまでなら飲めるよ、という意味だ。ビールの単位というのも所変われば、である。

ピルスナー――黄金色に輝くすっきり系の元祖

プラハのウ・フレクで造っているのは（黒い）デュンケルのみであるが、チェコのビールといえば、なんといっても現代のすっきり系ビールの元祖とも言える、淡色ラガーのピルスナーである。このビールは一九世紀の半ば、ドイツ国境から七〇キロ程度しか離れていないピルゼン市の市民醸造所で産声（うぶごえ）をあげた。

ウ・フレク醸造所

この醸造所は、一九世紀の半ばに市民が共同で作ったものだ。この頃、ミュンヘンから、特に温度を下げても発酵能力のあるラガー酵母がボヘミアに渡り、その酵母と当時最新鋭の淡色麦芽を使ったのである。

この地方で採（と）れる良質なホップをふんだんに使用しており、その苦味がピルゼンの軟水とマッチして、心地よい苦味を引き出しているラガー・ビールである。麦芽のでんぷんやタンパクを酵素で分解する糖化工程の時間を長く取り、発酵度を高めてすっきり感を強調していることも、苦味とのバランスをうまく引き出しており、このビールが名声を博するのにそう時間はかからなかった。

名声と共にまさに黄金色に輝くそのビールのスタイルは、産業革命が世界に伝播するなか、冷蔵技術とともにあっという間に世界中に広まった。こうして、世界中に「ピルスナー」ができてしまったのであるが、本家本元のピルスナーは今でも健在である。しかし、世界中の「ピルスナーもどき」と区別するために、「ピルスナー・ウルケル（＝チェコ語で元祖）」という商標で売られている。

ピルスナーは、もっぱら「淡色」ラガーの代名詞のようになっている。しかし、日本のビールのように糖質副原料の多いビールの色は、さらに薄い。テレビのＣＭでは、随分濃い色の液体を使用しているようだが、日本人が実際に見慣れているビールの色はとても薄い。本場のピルスナーを模した地ビールは、当然、一般的な日本のビールよりも色が濃い。「ピルスナーは淡色」と何かの本で読んだだけと思われる方から「こんなに色の濃いのはおかしいのではないか」という質問をよくいただいた。ピルスナー・ウルケルは日本でも販売されているので、実際に買って比べてみれば一目瞭然であるので、ぜひ、本物のピルスナーの色合いを確認してみていただきたい。ヨーロッパでは、あれで十分「淡色」というのだ。

ブドワイザー――アメリカに真似される

（右）ピルゼン市民醸造所のかつての発酵用の樽
（左）現在の仕込み釜

ピルゼンから発祥した「ピルスナー」のように、スタイルの名前として確立しているわけではないが、ピルゼン市民醸造所と共にチェコで美味しいビールを造る醸造所としてその名をはせているのがやはりボヘミア地方にあるブドヴァル（国営）醸造所である。ここで造られるビールの商標は「ブドワイザー」である。世界的なアメリカのビール・メーカー「アンハイザー・ブッシュ社」のトップ・ブランド「バドワイザー」の名前はこれをそっくり真似したものだ（米英語だと「ブ」が「バ」になる）。

ヨーロッパの多くの地域では、すでにブドヴァル醸造所が商標権を持っており、米国のアンハイザー・ブッシュといえども「バドワイザー」の商標を使用できない。噂によると、アンハイザー・ブッシュ社はかなりの額でブドヴァル醸造所の買収もしくは商標使用権の取得を打診してきたようだ。だが、チェコ国民にもビールの国としての魂は健在であり、今でも、本家本元の「ブドワイザー」を造っている。ピルゼンのピルスナーよりも麦芽由来の甘みを残しているが、基本的にはピルスナー・タイプのビールである。

3　イギリスのビール

エール王国

英国のビールといえば「エール」。実に多種多様なエール・ビールが英国では飲まれている。多種多様なエール・ビールを分類する方法は色々とあるが、広義の意味でいえば、単純に色の違いから次の三つに分けられる。

色が薄めのエール↓ペール・エール
色がちょっと濃いエール↓アンバー・エール
色がかなり濃いエール↓ダーク・エール

ペール・エールは、直訳すると「色の淡いエール」ということだ。まあ、色が薄いとはいえ、日本の大手のラガー・ビールのように色の薄いものは稀で、もっと茶色っぽいものがほとんどだ。ペール・エールとアンバー・エールとの境目ははっきりしていない。

これらの分け方は、元来色の違いだけを表すもので、定義とか分け方はそんなに厳密なものではない。しかし長い歴史のなかである特定のビールが有名になってくると、有名な特定商品の特徴がそのビールのスタイルを表すものと考えられるようになってきた。このような狭義の捉え方をすれば、もちろんたくさんの例外と出くわすことになる。

第一章で述べたように、ドイツなどのヨーロッパ大陸でホップの使用が当たり前になってからも、イギリスでは数百年にわたりホップの使用が認められなかった。ドイツで発見されたラガーも造ってこなかった。すなわち、そもそも英国にはエールしかなかったわけだ。ホップが使用できるようになった一七世紀以降、ホップを使用したものを「ビール」、使用していないものをそれまで通り「エール」と呼び分けていた時期がある。

現在では、英国といえどもラガーが半分以上を占めているが、それでも世界的には、圧倒的にエールが多いお国柄である。夏場はさすがに冷やして飲むが、冬はもちろん、春や秋でも涼しいときには、常温でエールを楽しむ人が多い。

ペール・エール――ホップの苦味が「ビター」

ペール・エールは、エール特有のフルーティーな味わいながら、ホップの苦味と香りを特徴とするものが多い。ホップが英国に入ってきたのは一七世紀であるので、比較的歴史の浅いエールということになる。そして一八世紀になると、バートン（現在の地名はBurton-upon-Trent）という地域の硬水を使用したペール・エールが人気を集めるようになる。以降、一九世紀の後半くらいから、バートン地方のペール・エールは、ペール・エールの代名詞のようになっていく。

そして、その代表的なビール会社といえば、バス（Bass）社だ。色は銅色で、すっきりではなく、しっかりした味わいが楽しめるビールだ。だから、比較的高めの温度（といってもせいぜい一三度C位）で試してみると良いだろう。現在、このビールのスタイルが、ペール・エールの狭義のスタイルとして認識されているといって差し支えない。

ところで、「ビター（bitter）」というスタイルを聞いたことがある人も多いであろう。このビターも、実はペール・エールなのだ。そもそも、ペール・エールのうち、樽に詰められたものをビター、びん詰めされたものをペール・エールと呼んでいた。樽に詰められたもののほうが苦味が感じられるので、ビターと呼ばれるようになったといわれている。

びん詰めして熱処理すると、ビールの発酵は止まる。しかし樽に詰められ、熱処理されていない状態では、酵母が頑張ってビールのなかにわずかに残っている糖分を食べ尽くしてしまう。すると味としてはびん詰めした時よりもドライになり、苦味が際立ってくるというわけだ。

ビターは、苦味の成分そのものが増えるわけではなく、成分の量はびん詰めされたペール・エールと変わらない。だから、ビターといえども、苦味が少ないものもあるのだ。味の特徴としては、苦いというより、よりすっきりしたペール・エールといったほうがなじみやすいであろう。最近では、びん詰めされていても、「ビター」と表示しているビールもよく見かける。

バス（Bass）社

アンバー・エールとブラウン・エール

ビールの色が濃いのは、基本的には麦芽（モルト）の焙燥が強いものを使用しているからである。つまりアンバー・エールは、ペール・エールに比べて焙燥の強い麦芽を使用しているビールなのだ。実際の「アンバー」といわれるビールは、ふつうの日本人だったらほとんどの人が「黒」ビールだと思うほど濃い色をしている。

こんがりとキツネ色に焙燥されたモルトはとても香ばしく、旨みと甘みが多く含まれる。この焙燥された麦の旨みと甘みを生かし、ソフトな味わいに仕上げたアンバー・エールは、しばしば「ブラウン・エール」と呼ばれている。

その他のアンバー・エールで名前の売れているスタイルとしては「ポーター」がある。

ポーター――合理性追求の成果

第一章で名前の由来について述べた「ポーター」について、ここではビールの内容を中心に説明しよう。一八世紀初頭にロンドンを中心に台頭したものの、その後、先のバートン地方のペール・エールに圧(お)されてすっかり勢力を失ってしまったビールだ。しかし、最近では、かつてのポーターを復活する醸造所も多い。また、この後説明するスタウトは、もともとポーターから派生した商品であり、ポーターというスタイルはぜひとも知っておいていただきたい。

一八世紀の英国のパブでは、ペール・エールやブラウン・エールを数種類品揃えして、樽からグラスに注ぐ際にブレンドするのが流行(はや)った。スリー・スレッズ（Three Threads）という言葉は今でもたまに見かけるが、当時のパブでは、三種類のビールをブレンドしてサーブしたりしていた。実際には、二種類とか六種類など、お店それぞれのオリジナル・ブレンドがあったようだ。しかし、このようなブレンドをいちいち作るのは面倒だ。それなら、はじめからブレンドされた味のものを作ってしまえ、ということで発明されたのが「ポーター」というビールである。

ポーターは、アルコール度はやや高めで、芳醇な味わいである。「合理性」を追求して造られたこのビールは、産業革命の波にのり、大型のビール・タンクで大量生産され、ブレンドの手間をかけることもない安価な人気商品となった。ロンドンで始まったこのビールは、あっという間にイギリス全土に広まった。

英国では、今でもパブはエールを楽しむ社交の場である。最近では少なくなったポーターだが、私はロンドンの片隅のパブで、"Three Threads"の看板を見て、注文したことがある。古臭い小さな店のカウンターのような背の高い木のテーブルでポーターを飲んでいると、英国のつまみがどんなに味気なくても許せるのであった。

スタウト――アイルランドから世界へ

スタウトは、世界的なアイルランドのビール醸造会社、ギネス社の「スタウト・ポーター」が発祥である。ロンドン育ちのポーターが、その後、バートン地方を始めとするペール・エール勢にすっかり圧(お)されてしまったのに対し、アイルランド育ちのスタウト・ポーターは、単に「スタウト」と呼ばれて今でも世界中のファンを魅了している。

通常のポーターより濃い色をしており、もはやアンバーではなく、完全に「ダーク」と呼ばれる真っ黒な色合いだ。つまり、アンバー・エールではなく、ダーク・エールに属する、ということだ。ポーターの芳醇さを残す深い味わいだけでなく、同時にすっきり感もあるという特徴を持っている。

この味わいには、原材料の麦芽に秘密がある。ポーターは、深めに焙燥した麦芽のみから造られているが、スタウトは、あっさり目のペール（色の薄い）麦芽をベースにしている。これに思いっきり真っ黒に焦がした麦芽を添加するのだ。こうすることで、すっきりしたペール系の特徴を活かしながらも、ポーターの深い味わいを持つビールを生みだすことができたのだ。

インディア・ペール・エール——長期保存対応の味

もともとのインディア・ペール・エールの発祥は、英国がインドを植民地にしていた頃に輸出していたビールである。当時の話は第一章に述べたとおりなので、ここでは、現在、この名称で出荷されているビールのスタイルについて述べよう。

基本的には、苦味が強く、アルコール度も高いペール・エール、ということである。この特徴は、ビールの長期保存対応の結果であるが、今日では、なにも長期保存のために醸造しているのではないので、古い、ということはない。現在、日本の地ビール・メーカーでもいくつかこのスタイルのビールを造っているところがあるが、苦いといえども当時の半分程度なので、どれも普通の人が楽しく飲める範囲内（？）である。アルコール度は、五％から八％程度のものが多い。

スコティッシュ・エール――独特の香り

スコティッシュ・エールというのは、基本的には、イングランドで造られたのではなく、スコットランドで造られたエールである、ということである。従って、味もばらばらであるが、一般的には色が濃い目で苦味が少ないという特徴がある。しかしこれだけでは、先のブラウン・エールの特徴とまったく同じだ。実際、この二つはとても良く似ている。もしかしたら数種類のブラウン・エールとスコティッシュ・エールをグラスに注いだものを飲み比べただけでは、どっちがどっちなのか区別が付かないかも知れない。

しかし、造り方には違いがある。ブラウン・エールは、通常、褐色のモルトだけを使って仕込む。これに対しスコティッシュ・エールは、淡色のモルトに濃色のモルトやブラウンシュガーなどを少々混ぜるという手法がとられることが多い。

また、通常のエールよりも少々低めの温度で、多少長い期間をかけて発酵させるのも特徴の一つだ。そのためスコティッシュ・エールには、本来、ビールには無いほうが良いと言われているフェノール臭と呼ばれる薬品様(よう)の匂いのあるものが珍しくない。この独特の香りがむしろ特徴のひとつとなっている。

それから、燻製(くんせい)の香りがするスコティッシュ・エールというのもある。これはスコッチ・ウィスキーに使う麦芽のように、麦芽を燻(いぶ)したものをビール造りに使用していた名残(なごり)である。

バーレー・ワイン――高アルコール度数で保つバランス

バーレー（barley）というのは大麦のこと。よってバーレー・ワインというのは大麦のワインという意味だ。「ワイン」という名に相応しく、このビールはまるでワインのようにアルコール度の強いエール・ビールなのだ。アルコール度は七％よりも上で、十数％というものもある。アルコール度が高いので、ストロング・エールと呼ばれることもある。

高いアルコール度数にするために、アルコール耐性の強い酵母を使って造る。数ヵ月から数年という長い醸造年月を必要とするのも特徴だ。単純にアルコール度を上げれば良いというものでもなく、高いアルコール度数の中で味のバランスを保つというのは難しい。長年の業を感じさせるビールである。

4 ベルギーのビール

美味しいビールの宝庫

「ビールには麦芽、ホップ、水しか用いてはならない」と定め、基本的な原材料にこだわったシンプルなビールを追求しているドイツに対し、「美味しければなんでもアリ」というのがベルギー・ビールの特徴である。フルーツやスパイスなどの副原料は、味にバラエティーをもたらす役割を持ち、使用されるものは特定のものに限定されるわけではない。ベルギーの人は、ビールに素晴らしい味や香りをもたらすものなら、何でも使ってしまう。味が濃くなりすぎるのを防ぐために、糖質副原料を加えるものもある。ベルギーは味わい豊かなビールの宝庫なのだ。

酸味とワインのようなアロマで有名な〝赤ビール〟のローデンバッハ醸造所の仕込み釜

ベルギーは、フランスの北側に位置し、面積は関東程度、人口一〇〇〇万人ほどの小さな国だ。しかし、その小さな国の中に一三〇社のビール・メーカーがあり、造られているビールの銘柄は八〇〇種類を越えるという。ベルギーには実に様々な副原料を用いた、趣向を凝らした個性的なビールが数多く存在する。しかし数え切れないほどのビールの中にも、人々を魅了し続け、伝統的に伝えられているスタイルというものがいくつか確立されている。

まずは、一般にベルギー・ビールといわれているものを、副原料という観点から大まかに分類しておこう。

A　ランビック
B　修道院ビール
C　ベルジャン・ホワイト
D　それ以外のエール・ビール
E　ラガー・ビール

現在、醸造量が一番多いのは、Eのラガー・ビールだ。「なんだ、普通じゃないか」と思われたかもしれない。ビールの特徴は炭酸アルコール飲料ということである。のどが渇けば水よりビールがいいのはどこの国でも同じことである。

しかし、ベルギー国民一人当たりのビールの消費量は日本の約一・八倍である。喉越しすっきりのビールしかない我が国との大きな違いは、ビールという飲料に別の楽しみ方も求めている、ということである。冬の寒いときにもじっくり飲みたくなるような、ワインのようなものまであるのだ。ここでは、そうした、ベルギー・ビール独特のスタイル、先の分類でAからCのビールについて、それぞれの特徴を説明する。

ランビック――圧倒的な芳醇さ

ランビックとは、野生酵母を使って仕込むビールのことだ。ビールは木の樽で、何年もかけて熟成させていく。まるで梅酒のような、ビールとは思えない酸味と芳醇(ほうじゅん)な深い味わいが特徴だ。若いビールとブレンドさせて、ほど良い酸味にしてゆく「グーズ」というビールが代表的だ。また、さくらんぼを入れた「クリーク」など、フルーツを入れたものもある。

ベルギー政府は、ベルギーの伝統芸であるランビックを守り続けるために、国内でその製法の基準を定めている。ここでは、あの高貴な味わいのルーツとなる特徴的な醸造法を紹介する。ビールの発酵をつかさどる酵母と発酵のさせ方、原材料のすべてにわたって特徴がある。

伝統的なランビック醸造所「カンティヨン」の仕込み釜

通常のビール醸造では、純粋培養させた特定の種類の酵母しか麦汁に添加しない。また発酵・熟成の過程では、決して外気に触れないようにするのが重要なポイントとなる。しかしランビックでは、煮出し終わった麦汁をふたの無い広くて浅い槽の中に一晩放置する。醸造所の室内であるが、こうして麦汁がゆっくり冷えてゆく間に、部屋の中に浮遊している野生酵母が麦汁に自然に入り込むのを待つ。この過程で、通常のビールでは好ましくないとされる乳酸菌類も入ってくる。ランビックの独特の酸味はこの乳酸菌が作り出す。このように、自然酵母を使用することは、ランビックの最も大きな特徴である。

これらのランビック醸造所では、ビールに理想的な菌類が入り込むように非常に気を遣っている。醸造所の内装などは滅多に変えない。仕込み室に潜む自然の菌類の組成が変わらないようにするためだ。蜘蛛の巣も取り払わない。蜘蛛の巣は外から雑菌を運んでくるショウジョウ蝿を捕捉してくれるため、ランビック醸造所では大歓迎なのだ。

では、日本でも同じことをすればランビックのような芳醇なビールができるかといえば、そうはいかない。なぜなら日本ではベルギーに比べて空中雑菌の種類も異なるし、その数が多いからだ。特に、ランビックなどのビールの醸造所では、昔ながらの、日本酒でいう「蔵付酵母」が存在しているのだ。意図的にビール酵母をばら撒いたクリーン・ルームのようなところでない限り、日本で外気に触れさせたビールが好ましい発酵をすることを期待することは難しい。

長い熟成期間、特徴的な材料

ランビックに使用する（勝手に溶け込んでくる）酵母はエール酵母なので、ランビックはエール・ビールである。一般的なエール・ビールは、発酵・熟成に一～三週間かければでき上がる。しかしランビックは、樫の木の樽の中で数年かけて発酵・熟成させて造る。一人前のランビックになるには二夏以上を越さねばならない。この年月が芳醇で深い味わいを仕上げていく。

　ランビックでは、大麦麦芽に加え、麦芽にしない小麦を三〇％以上使用するように定められている。小麦を使うことにより、ランビックに独特の甘味と香ばしさが加わる。

　もう一つのビールの主な原材料であるホップにも特徴がある。通常のビール醸造に用いるのは、できるだけ鮮度の保たれたホップが望ましい。現代では真空パックにされていることが多い。しかし、ランビックの場合には、一年以上貯蔵したホップを大量に使用する。ランビックでは醸造の際に、自然酵母と共に雑菌も入り込む。そこでホップの殺菌作用が強く発揮されるよう大量のホップを使用し、ビール醸造に不要な雑菌の繁殖を抑えるようにしているのである。

　しかし大量のホップを使用する割には、ランビックはむしろ一般的なビールよりも苦味が少ないビールだ。古いホップを使う理由はここにある。ホップは長期貯蔵すると、殺菌成分は変わらないが、苦味成分は薄れていく。古いホップを大量に使うことにより、殺菌成分を生かしつつ、バランスの良い苦味のビールが造れるのだ。

　以上が、ランビックの製法上の特徴である。近年、米

ブリュッセルのランビック貯蔵樽

国や日本のマイクロ・ブルワリーが造ったビールの中に「ランビック」という名前を冠したものを見かける。これはベルギーのランビック醸造所に生息している自然酵母と乳酸菌を取り出して培養したものを添加し、似たようなビールを造っているのだ。

ベルギーのランビック醸造元は、ベルギー以外の国で造られたものに、「ベルギー・ビール」とか、「ランビック」などの名称を付けないように求めている。時間と手間のかかる伝統的な醸造方法を長い間守り続け、今でも蜘蛛の巣の中でビールを造り続けているランビック醸造所のこの要求は尊重してあげたいものだ。

以下、代表的なランビック・ビールについて説明する。

グーズ・ランビック

一夏しか越していない若いランビックと、何年かかけて熟成したランビックをブレンドしたものは、グーズ・ランビックと呼ばれている。ブレンドによって様々な味わいを作り出すことができるのが、グーズ・ランビックの特徴だ。

ブレンド技術にも人間の勘や経験が大きく問われる。醸造は自社では行わずに、複数の醸造元から若いランビックと長期熟成したランビックを購入し、ブレンドだけを行って自社ブランドのグーズ・ランビックを出している会社もある。これは、ブレンド技術自体に会社として存続する付加価値がある、ということだ。

フルーツ・ビール

副原料に木いちご（フランボワーズ）やチェリー（クリーク）などのフルーツを使ったフルーツ・ビールはベルギーの得意技である。

一年以上かけて熟成させたランビックに、フルーツをまた何週間、何ヵ月と漬け込むのだから気の長い話だ。さらに味のバランスを見ながら、熟成したランビックとブレンドさせて仕上げる。「美味しいビールを造ろう」という、ベルギー人の気力に敬服してしまう。

フルーツ・ビールといえども、本場ベルギーでは結構ドライな味わいのものが多い。しかしその名から甘い味を想像されてしまうせいか、輸出用には砂糖を加えて甘くしたものも造られているようだ。

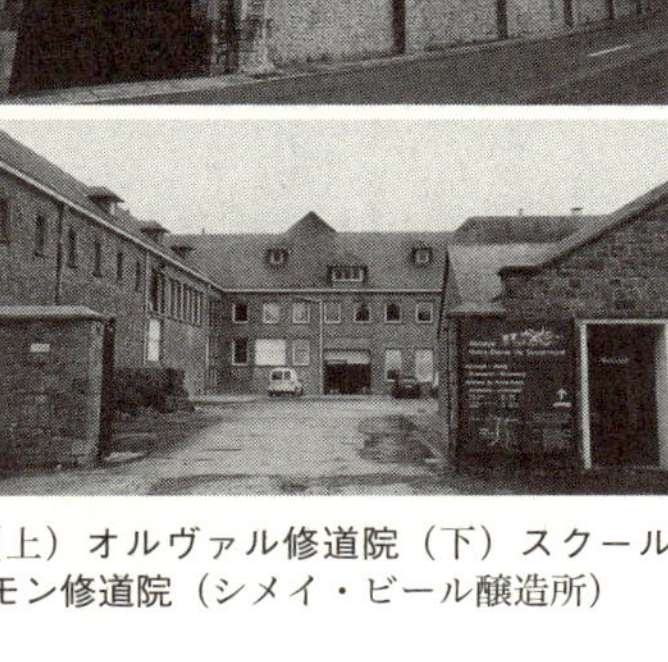

（上）オルヴァル修道院（下）スクールモン修道院（シメイ・ビール醸造所）

修道院ビールと「トラピスト」

修道院ビールは、一七世紀にトラピスト修道会の修道院で造られ始めたビールのスタイルだ。その収益は修道院の生活を支える糧となっていた。しかし、ヨーロッパの貴族たちは、これらの修道院から醸造権を剝奪し、いったんはそのビール醸造技術は途絶えた。

修道院でのビール造りは二〇世紀はじめに復活したと言われており、一九六〇年代になって、修道院以外の醸造所が修道院のスタイルを真似すると、すかさず商標権を申請し、公に修道院の外にも販売を始めたのである。

ベルギーでは現在でも多数の修道院ビールが造られているが、トラピスト修道会に属する修道院で造られているものだけを「トラピスト・ビール」と呼ぶ。修道院のレシピにならって別の場所で造られたビールは、（ただの）修道院ビールと呼んで区別している。この「修道院ビール」は、ベルギー語では二種類ある。一般に、北ベルギーでは、オランダ語系でアビー（Abdij）・ビールと呼び、南ベルギーではフランス語系でビエール・ダベイ（Bières d'abbaye）と呼んでいる。どちらも意味は「修道院ビール」であるが、トラピストとわざわざ分けて呼ぶようになったのは、トラピスト修道会が商標権を守るために政府に要請し、それが認められたためだ。

聖職者が商標権、などと思うかもしれないが、あまりにも美味しいものを造っているのだから、慈悲の心で（単なるビール好きの心かも知れないが）許してあげよう。

さて、現存するトラピスト・ビールを造る修道院は限られているので、名前を挙げて紹介しよう。

オルヴァル（Orval）
シメイ（Chimay）
ウエストマレ（Westmalle）
ラ・トラップ（La Trappe）
ロシュフォール（Rochefort）
ウエストフレーテレン（Westvleteren）

これらの六つのうち、「ラ・トラップ」だけは、ベルギーに近いオランダ領内にあるが、あとはベルギー南部のワロン地区にある。硬水の地下水がでることで有名な地域だ。これらのビールは、日本にも輸入されている。

個々の修道院には独自のレシピがあり、味わいも様々であるが、あえて共通点を述べると、香りもアルコール度も高めの、どっしりとした味わいのエール・ビールということである。

また、酵母の投入方法にも共通点がある。麦汁を煮出した後だけでなく、最後のびん詰め工程で改めて酵母を投入する。なかには発酵の途中で別の種類の酵母を投入するビールもある。びん詰めの工程で投入された酵母はびんの中で発酵して、生成される炭酸ガスがびん内で溶け込むことで発泡性が出る。

「賞味期限」がナンセンスなビール

こうして造られたビールは人に飲まれるまで発酵・熟成が続く。中には「何年もの」というビールもある。保存状態の記載にうるさい日本のビール管理の概念とは大きな隔(へだ)たりがある。日本ではビールは清涼飲料水のように扱われ、数週間〜数ヵ月で賞味期限を記載しなければならない。ビールの中には、ワインやウィスキーと同様に年月とともに熟成してゆくタイプのものもあるのだ。従って、これらのビールもワイン同様、ある程度の温度条件のもとで輸入・保管されているものであれば、輸入ものであろうと関係なく美味しく楽しめる。

　こういったタイプのビールを造っている日本の地ビール・メーカーもあるが、一様に賞味期限をつけることが望ましい、と保健所から指導をうけている。ワインやウィスキーに賞味期限を、と言っているようなものなのだ。本当は三年以上保存して飲んでもらったら面白い、という商品にも、意味のない賞味期限を表示せねばならない。賞味期限がついていると、消費者は、気にするのが当たり前だ。ビールはすべてが「鮮度が命」じゃないし、第一、そのように宣伝しているビール・メーカーが造るビールの賞味期限は半年以上もあるではないか。ビールにも色々な種類があることを認識して欲しいものだ。

先ほど、修道院ビールはアルコール度が高いと書いた。「ウエストマレ」などでは特にアルコール度が高いものにデュベル（英語のダブル）とかトリペル（英語のトリプル）という表示がある。アルコール度は、デュベルでは六％程度、トリペルでは八％程度のものもある。ごくごく飲むというのではなく、ワインを飲むような感覚で楽しんでみてほしい。

ビールでアルコール度が高いのは、麦汁の糖度が高い（糖度＝酵母の餌）ということだ。当然、色も濃くなる。しかし修道院ビールは、アルコール度が高い割には麦芽による着色が少なく、淡い黄色っぽい色合いをしている。麦汁に加え、キャンディー・シュガーなどの砂糖を使うからだ。砂糖といえば、第三章で述べた「糖質副原料」のことである。確かに、糖質副原料＝原料コストを抑える役割でもあるが、修道院ビールでキャンディー・シュガーを使用するのは、原材料費の節約ではなく、バランスの良い、より美味しいビールを追求した結果だ。修道院ビールの重厚な味わいを試せば、すぐに納得できるだろう。また、コリアンダーなどのスパイス類を多く使用しているのも、修道院ビールの特徴だ。

ベルジャン・ホワイト——爽やかな酸味の「白ビール」

ベルジャン・ホワイトは、小麦の使用量が多く白っぽい色をしたビールだ。ドイツのヴァイツェン・ビールは小麦を麦芽にして使用するが、ベルジャン・ホワイトは小麦を麦芽にせずに、そのまま用いたビールだ。

まず、何といってもビールの主原料に特徴がある。主原料のおよそ半分に、麦芽にしない小麦を使用するのだ。さらに、グリーン・モルトと呼ばれる、日に干しただけの大麦麦芽や、麦芽にしないオート麦なども使う。

ベルジャン・ホワイトも、ドイツのヴァイツェン同様、主原料に小麦を使うので、白く濁った色合いのビールができる。小麦は大麦に比べてタンパクが多く含まれるからだ。

通常の小麦を使うことにより、フルーティーな酸味のあるビールに仕上がる。さらに主発酵時に、ビール酵母と共に乳酸菌を使うことにより、酸味をより強調した味わいに仕上げる。

また、ベルジャン・ホワイトでは、副原料にコリアンダーやオレンジの皮などのスパイスがよく用いられる。酸味ある、爽やかな味わいを、これらのスパイスが実にうまく引き立てるのである。こうして原材料に様々な工夫を凝らすことで、ベルジャン・ホワイトは見た目も味わいも爽やかなビールとなっている。

さて、ベルジャン・ホワイトで何といっても有名なのは、ヒューガルデン・ヴィット・ビール（ヒューガルデン村の白いビール）だ。最近では日本でも知られつつあるベルジャン・ホワイトだが、一時期、一九七〇年代には消滅してしまったこともある。大量生産のラガー・ビールの台頭に打撃を受けたのだ。しかし村の人々の努力により見事に復活を遂げ、その後、ベルギー大手のビール・メーカーに買収される。今では、安定した経営基盤のもと、独自の製法を保って製造を続けており、世界的に大変ポピュラーなビールとして復活している。

5　オーストリアのビール

ヴェーニーズ・ラガー——地域に合わせた設計

かつてのゲルマン民族の四王国のうち、「ドイツ」として一緒にならなかった唯一の国、オーストリアにも古くから知られているスタイルがある。ウィーンで造られてきた、ヴェーニーズ・ラガーである。現在はこのスタイルばかりが飲まれているわけではないが、ビールの古典的なスタイルの一つとして知っておいて頂きたい。

ウィーンのラガーは麦芽の甘みをはっきりと感じる仕上がりで、色は赤みがかっている。涼しげなアルプスの山間にはとてもマッチしているソフトな味わいである。やや褐色のラガーとしては、ドイツの名作ドルトムンダーがあるが、それよりも色合いは濃く、ミュンヘナーよりも甘みを感じるものの全体的にあっさりした感じで飲みやすい。

ところで、ビールの設計は、原材料とか醸造法などの造り手側の制限事項もあるが、基本的には、誰がどこで、どのように楽しむか、というシチュエーションを想定して決めていくものだ。しかしながら、街中に流通するビールの場合には、具体的なシチュエーションの特定は困難で、結局、製品としてはどんなシチュエーションにも対応できるものになる。造り手からすると、中途半端なビール、ということになりかねない。

　私は、これまでにいくつかのビールを設計してきたが、六年ほど前には福島県の裏磐梯の地ビールの設計を依頼されたことがある。そのときに頭に浮かんだのがウィーンのスタイルのビールであった。

　地元の天然水は前もって送付されていたので、それを元に、地元の方の要望を文書で読みながら、新幹線の中であれこれ考えていたのだが、山間の風光明媚な裏磐梯の風景のなかで、湧き出ている名水を汲むところに案内されたとき、「ヴェーニーズ・ラガーだ!」とピンと来るものがあった。そのときほど、完成したビールが飲まれるシチュエーションを想像しながらビールの設計ができたことはない。つまり、裏磐梯リゾートにやってきて、ゆっくりと余暇を楽しむ人々が、裏磐梯の景色を見ながら、リラックスしてこのビールを飲む情景をまざまざと思い浮かべることができたのだ。

　こうして設計されたヴェーニーズ・タイプのビールは「Ｏｈ!　ＬＡＧＥＲ」と命名され、現在、裏磐梯の地下水と地元に自生しているアロマホップを福島市内の地ビール・メーカー（みちのく福島路ビール）の醸造所に運び込んで造られており、そのほとんどが、裏磐梯リゾートのペンションなどに出荷されている。

クリスマス・ビール

特にオーストリアのビールということではないが、たまたま有名なメーカーがオーストリアにあるので、クリスマス・ビールを「オーストリア」のところで紹介することにしよう。

伝統的なクリスマス・ビールというのは、色も味も濃厚なものである。ベルギーやアメリカなどでは、クリスマス・ビールとして濃色のエールを出すメーカーが多いようだ。アルコール度数も高めである。先ほどのオーストリアのメーカーでは、アルコール度数が一四%もある濃色のエールを「クリスマス・ビール」として造っている。

しかし、クリスマス・ビールは、必ずしもこのような濃厚なビールだけとは限らない。最近のドイツでは、「メルツェン」と呼ばれていたスタイルで作られるものが多いようだ。

このように、クリスマス・ビールというのは、明確なスタイルを指す言葉ではない。ビール・メーカーは独自に様々なスタイルのビールをクリスマス・ビールとして出荷している。「クリスマス・ビール」＝「各社がクリスマスの頃に出す季節限定ビール」と理解したほうが現実に即しているであろう。

第五章　ビールの鑑定

【演習問題5―1】ビール通をめざすAさんの考えは正しいか。
A「やっぱりビールは水だよ。ビールの味の複雑な評価をする前に、ビールを飲んでどんな水が使われたかがわからないと意味ないよ。そうでなければ、○○の天然水で造りました、なんていう宣伝、意味ないもんね」

【演習問題5―2】Aさんの話は続く。
A「酒屋でありったけのビールを買ってきたよ。ビールの鑑定をしてみようと思ってさ。でも、考えたら鑑定するって、一滴も飲まないんだったよね。あれ？ビールは喉越(のどご)しなんだから、やっぱり、ガンガン飲まなきゃ鑑定できないか……」

会食の席で、私はしばしば同席いただいた方から「このビールは美味しいですか？」という質問をうける。もしも、その店にビールの種類がいくつかあって、これからビールを選ん

レーベンブロイの醸造所内のビアガーデン

で注文する、というのであれば、その方の好みや食事に合うと思われるのを相談するのは楽しいことだ。しかし、既にビールが目の前に置かれていて、しかも、種類といっても、生ビールかびんビールというような違いであれば、この質問は愚問である。私はいつもこのように答えている。「目の前にあるビールが、一番美味しいビールですよ」

今まさにビールを飲んでいるのに、その場にありもしない異国のビールがもっと美味しいなどと話すのは野暮(やぼ)ではないか。もっと野暮なのは、せっかくの会食の席で、「このビールは保存が悪かったようだ。ちょっとオフ・フレーバーがある」などと、ケチをつけることだ。かつて、ある結婚式場で、賞味期限ぎりぎりのビールに出くわしたことがある。この道のプロである私には、乾杯の直後に、びんのラベルを確認するまでもなく、何か保存に問題があったことが感じられた。その時も、先ほどと同じ質問をいただいたが、もちろん、いつもと同じように、「目の前にあるのが一番美味しいビール」とお答えした。

これはビール通としての最低のマナーだと思う。自分で飲む分にはとことん本当に美味しいビールにこだわって探し求めて欲しいが、人前でケチをつけるのだけは慎みたいものだ。このマナーを守っていただくことを前提に、本章ではビールの鑑定について説明したい。

これからビールのプロになろうという方は、ここに書いてある知識をベースに、実際のフレーバー・サンプルなどを使用してトレーニングを積む必要がある。もちろん、私も先ほどの結婚式場のようなケースで、プロの立場として、式場の関係者やメーカー、流通業者から意見を求められれば、当然、感じたとおりを厳しくお答えしている。

1　ビールの鑑定方法――品評会によって異なる審査基準

課税・刑罰のために公平さを目指す審査

ビールの歴史の古いヨーロッパでは、ビールの審査は社会的に重要な役割を担ってきた。ひとつは課税要件として、酒税の徴収や原材料の統制を目的としたものである。もう一つの役割は、できたビールの品質は良いものか、という点に着目しようとするものであった。中世では、劣悪なビールを造った場合には刑罰に処す、という法律もドイツや英国では数多く存在し、社会的に重要な産業であったことが窺(うかが)える。一方、刑罰への判定基準であるから、ビールの鑑定方法はより公平なものが目指された。そして長年の試行錯誤を経て、最近になってようやく確立されてきつつある、というのが現状である。

現代科学をもってしても、ビールの品質のすべてを解き明かすことはできないのである。「香り」や「味」、「食感」というものは、どうしても人の官能に頼らねばならない部分が多いのだ。そこで、ドイツをはじめとするヨーロッパでは、科学的な定量分析と人の官能審査を組み合わせてビールの鑑定をすることが多い。本書では、これを「ドイツ方式」と名づけて説明することにする。

最近では、日本でもいくつかのビール品評会が行われている。ビールの品評会というのは、それぞれ審査要項が定義されていてその要項に沿って審査が行われてゆくものだ。したがって審査要項が異なれば、ビールに対する評価も異なる。客観性のある品評会にするには、明確な審査要件が必要である。単純に「どれが美味しいか」というようなものではありえない。美味しいと思うかどうかは、個人の嗜好による部分が大きいからである。従って、「美味しいビールを決定する」という審査会がこの世に存在するとすれば、それは本書の意図する「ビールの鑑定」とは志向の異なる催しであるとご理解いただきたい。

優劣を比べる品評会もある

そうは言っても、消費者にしてみれば、数多くのビールの中でどれが美味しいかという指標がほしいものだ。ビールの品評会の結果は、その基準が何であれ、何かビールの品質に関連するある基準においては、良い評価が得られたことに違いない。そこで、消費者へのアピール、という観点から、様様なビールを比較して優劣をつけていく、というコンセプトの品評会もある。

ドイツ方式で採用する「ビールの科学的分析」だと、同点もあれば、全部優秀、ということもある。従って、人にとっての「優劣」を問題にしたいとなると、人による官能審査のみで行うほうが合理的である。このタイプの品評会のスタイルはアメリカで発達しており、本書では、これを「アメリカ方式」と名づけておく。

いずれの方式も、欧米で長い年月をかけて考えられてきた手法であり、どちらが良いとか悪いというものではない。いずれの品評会でも高い評価を受ければ、何か良い側面があるとはいえるが、それが個々の消費者にとって美味しいかどうかは別である。まずは、それぞれの品評会が何を審査しているのかを正しく理解しておくことが大切なので、まずはこの二つについて説明する。

ドイツ方式の審査方法の特徴

一般的なドイツ方式は、生化学的な分析データに基づくものと人の官能審査によるもの、二種類の審査結果を総合する。生化学的分析で定量的に判定されるだけでなく、人による官能審査についても、複数の審査官によってポイント制で判定される。評価は「このビールは美味しいかどうか」という総合的なものではないし、他の出品ビールと比べてどうか、という相対的な評価でもない。審査すべき項目を定義したうえで、項目別に絶対値として評点を付けていく。

この方法による審査では、それぞれのビールが持っている特徴が要素別に評価されるので、ビール醸造者の設計意図がビールに反映されているかどうかが第三者にもよく分かる、という点で優れている。これは結果の良し悪しにかかわらず、醸造者にとっては貴重なフィードバック・データとなる。

生化学的な分析は、科学的に行われるので、ビールの種類やタイプにはかかわりなく行われる。後で細かく紹介するが、この審査の中には、微生物学的な純度、すなわち、ビール酵母以外の菌の混入度という項目がある。ベルギーの一部のビールのように、醸造所に固有のビール酵母を含む、微生物群（つまり雑菌も含む）によって独特の風味を出しているビールについては、確実に悪い評点になるので、総合評点を考える際には、このようなタイプのビールの場合はあらかじめ総合評点から外す、などの考慮が必要である。

この方式の利点としては、まず、評点の約半分は科学的な定量により行われるので、信頼性が高いことである。

官能審査の場合、どんなに訓練をつんだ審査官が行っても、個別には意見が分かれることがしばしばある。これは当たり前のことであり、このようなずれを平準化するため、フィギュアスケートの審査と同様に、複数の審査官による評点を行ったうえ、最高点と最低点を評点からはずして平均する方法がとられる。この方式では、審査官は、お互いの評点がわからないように、個別に仕切られて審査するのが普通である。このように、官能審査においても、できるだけ定量化しよう、という意図がこの方式の特徴である。

また、総合評価も得点で表現される。そのため、一定以上の点数を満たすと、ゴールド・メダル、というように、複数の「ゴールド」が出る可能性もあれば、入賞該当ビールがない、ということもありうる。評点が、個別のビールの絶対評価を前提にしているからである。

日本では、この方式でビールの鑑定をしているのは、全国地ビール醸造者協議会（JBA）であり、本書の冒頭でも紹介したジャパン・ビア・グランプリを開催している。

アメリカ方式の審査方法の特徴

アメリカで行われている多くの品評会では、人の官能審査のみで判定が行われる。基本的なスタンスとしては、どっちのビールのほうが優れているか、という比較法の審査をベースにしているため、複数の審査官が個別に評価するのではなく、円卓に座して討論して優劣を付けるケースが多い。

とはいえ、いきなり、単純に「これが美味しい」というものを漠然と選ぶことは稀(まれ)であり、ほとんどの品評会では、ビールを細かくスタイル別に定義し、似た味わいのビールごとにカテゴリーを分けて、カテゴリー別に審査している。また、このように細かい定義を行わなければ、どちらが優れているか、など決めがたい。例えば、苦味が特徴のビールと、ソフトさが特徴のビールを単純に比較しても、優劣の基準がぼやけてしまうからである。

アメリカ方式では、まず第一に、出品されたビールがカテゴリー別に規定されたスタイルの要件を満たしている必要がある。カテゴリーは、淡色エール、濃色エール、など、一〇カテゴリー程度の大分類の中に、それぞれ、数種から十数種程度の具体的なスタイルが定義されることが多い。これらの定義にそった特徴を満たしているうえで、次に、あってはならない風味が出ていないか、という基本的な要件についてチェックされる。予選を勝ち抜いていく、という、出品ビール同士の比較による優劣を付けていく。

この審査方法では、同じような味、色、香りのビール同士を審査することにより、カテゴリーの中での優劣をつけやすくする、というメリットがある反面、評価の大前提として、出品されたビールが、その品評会が定義したカテゴリーのスタイルを守っているかどうか、ということが優先されるのが難点といえば難点である。そこで、品評会の主催者側としては、できるだけ多岐に細かくカテゴリーを定義することが多い。カテゴリーの定義については、例えば「ピルスナー」といえば、最も多くの人が納得できるような、スタンダードなピルスナーを基準として、苦味、色の濃さなどの許容範囲と、本来そのスタイルにあってほしい特徴を規定する。

しかし、醸造所によっては、この許容範囲に必ずしも収まるとは言えないビールを出している場合も多い。何も、醸造所としては、スタンダードなスタイルのそっくりさんだけを目指してレシピを設計しているわけではないからだ。

スタイルの「定義」の難しさ

ビールのスタイルは、長い歴史の中で特定の地方で好まれたビールが、他の地域にも広く知れ渡るようになって定着したものだ。なので「このスタイルはこう定義する」と決めたとしても、「この定義通りでなければならない」とか「この定義通りでないと美味しくない」というものではないのだ。

通常、ビールを造る側では様々な意図をもってビールをデザインする。小さい醸造所では、オーナーや醸造家のポリシー、という場合もあるかも知れないが、多くは、醸造所なりのマーケティングに基づいてビールの風味を決定してレシピを設計する。ヨーロッパの多様な味わいのビールが浸透していない日本の市場では、醸造所によってはかなり思い切ったオリジナリティーのあるビールを設計しているところも多い。このようなビールの場合、品評会の主催者側がどんなに細かくビールのスタイルを定義しても、その定義にぴったり当てはまるスタイルになるとは限らないのだ。

英国で行われたアメリカ方式のコンテストの受賞パネルを誇らしげに飾るダブリン市内のブルー・パブ

ある日本の醸造所では、ビール醸造の自社の技術レベルの向上のために、あえて、品評会専用に、カテゴリーの定義に沿ったビールを造って様々なカテゴリーで入選を果たしてきた。しかし、それは味や品質をコントロールできている、という技術を確認するためのもので、入選したビールを商品化する、という意図ではない。このように、品評会で何が審査されるのか、ということを理解して利用すれば、醸造者にとってもそれなりのフィードバックが得られる。

日本地ビール協会が主催する品評会「ジャパン・ビア・カップ」は、本書でいうアメリカ方式のものである。

以上のように、ドイツ方式とアメリカ方式とでは、審査の基準が異なる。総合的にどちらが良い悪いというのはないが、どちらの方式も、人による官能審査が介在するので、審査官の質と総合点のつけ方に対する信頼性を保つことが重要である。

信頼というのは最終的には人の考えであるから、長い間にわたり同じ審査方法で品評会を行っていくなかで、やり方と結果がどれだけ多くの人に受け入れられるか、という実績を築いていくほかはないと思う。日本においても、どちらの方式の品評会も始まっているので、それらが、世界的にも信頼される品評会に育っていくことを願っている。

消費者としては、まずどんな品評会で得られた結果なのか、ということを理解することが望まれる。どちらの方式でも、入賞したビールには何らかの優れた点があることは間違いないが、どちらの方式にも入賞しないとしても、優れたビールがある可能性だってあるのだ。最終的には、自分好みのビールは自分で探すべきである。

2　ビールの分析的評価方法

これは、ドイツ方式でのみ行われるものであり、主な審査項目は次の四つである。

A　微生物学的純度
B　泡持ち
C　透明度
D　初期比重とアルコール度のラベル（申告）値との相違

それでは、これらの四つの生化学的分析審査項目について、詳しく紹介しよう。

A　微生物学的純度

ビール酵母以外の微生物の混入があるかないかを調べるものである。ビール酵母以外の菌だけが培養できる培地（ばいち）に出品ビールを入れ、菌が繁殖するかどうかを判定する。得点は、繁殖したら最低点、繁殖が認められなければ最高点で、通常、中間点の設定はない。

私たちの周りでは、空中に乳酸菌や大腸菌などが浮遊している。ビール醸造においては、このような雑菌の混入を防ぐことが不可欠だ。消毒殺菌が不完全だと、空中のビール乳酸菌などが混入して予期せぬ酸味が出たりする。このようなビールが低い得点となる。

だから、どんなに優れた味わいのビールでも、ベルギーのように自然酵母を用いてビール醸造を行っている場合、この項目は最低点となるであろう。従って、そのような醸造を行っているビールを審査する場合は、この項目は除外すべきである。わが国では自然酵母を用いているところは無いので、この得点が悪い場合は衛生管理を徹底的に見直す必要がある。

B　泡持ち

ビールの泡がどれだけ長持ちするかを測定する。ビールを特定のグラスに注ぎ、泡が三センチ下がるのにかかる時間を計るのだ。泡が消えづらいビールが高得点ということで、おおよその基準としては、三センチ下がるのに四分以上かかれば「まずまず」で、五分となれば「極めて優秀」、三分以下では「全然駄目」といったところだ。

泡は、グラスに注がれたビールの酸化を防ぐ役割を担っている。その正体は、タンパクの高分子とビールの苦味成分などからできている。従って、泡だけでも苦いはずである。また、ビールの苦味が苦手な人は、できるだけ泡がよく出るように注いだほうがマイルドなビールになるというわけだ。

一方、苦いビールが好きだからといって、泡が立たないように注ぐのはよろしくない。やはり、ビールにとって酸化は禁物なのだ。まあ、酸化する前にさっさと飲んでしまえばそれまでであるが、ビールは泡があるからこそ美味しそうに見えるものだ。飲む前から美味しく思えるなんて素晴らしいことなので、せめて二秒くらいは飲むのをがまんして楽しもう。

さて、そんなに大事な泡であるが、泡持ちだけを追求するならば、炭酸ガスに窒素ガスを混ぜて泡付けするとか、タンパクの多い麦汁を使用するなど、いくつかの策はある。近年では、泡持ちを良くする添加物というのも開発されている。主に日本の会社が生産しているが、「ビール」となると、この添加物は酒税法上認められていないので、日本の「ビール」には含まれておらず、もっぱら輸出されている（発泡酒には含まれている可能性はある）。

しかし、そこまで無理に泡持ちを追求するのも行き過ぎかも知れない。

C　透明度

こちらは言葉の通り、ビールの透明度を判定するものだ。ビールの濁りは、不要なタンパクがたくさん残っていたり、保存が悪いと生じるものである。

この判定には「ＥＢＣ」というビールの透明度を示す単位が用いられる。得点はＥＢＣの測定値によって割り振られる。ただし、そもそも濾過（ろか）をしていないビールについては無条件で最高点として、総合評点に悪い影響が出ないように配慮するのが普通である。濾過をしていなければ濁っていて当たり前だからだ。従って、ヴァイツェンのように濁っていて当然のビールは、この審査によって不当な低得点にされることはないのが普通である。

D　初期比重とアルコール度のラベル（申告）値との相違

これは初期比重とアルコール度の二項目それぞれについて、メーカーの申告値と、審査会での実測値とを比べる検査だ。

初期比重というのは、発酵前の麦汁中の糖分量を表す数値である。日本で見られる多くのビールは一〇・〇％から一五・〇％程度である。初期比重の申告値と測定値の誤差が一（％）未満であれば最高点、一（％）以上であれば最低点となり、通常、中間点は付けない。

なぜビールの品質基準にこんな項目があるのかというと、ドイツでは、初期比重によってビールの酒税が異なるからだ。よって初期比重の申告値と実測値の差が大きいと「ビール・メーカーとしての品質管理（&納税姿勢）に問題あり」となる。

アルコール度は発酵後の商品の状態でのアルコール度のことだ。誤差が、〇・五（％）未満であれば最高点、〇・五（％）以上の誤差がある場合は最低点だ。アルコール度表記は、食品衛生上の規定から、正しい表記が求められている。ビール純粋令のあるドイツでは、初期比重は使用する麦芽の量にほぼ比例する。「食糧である麦芽を使う＝贅沢」という税制の思想が理解できると思う。

日本では、ビールの酒税は初期比重やアルコール度によらず一定であるので、ドイツでの本来の目的から考えればこの項目は不要かも知れない。しかし、醸造所の基本的な醸造技術をチェックするうえでは、大切な項目であるので、全国地ビール醸造者協議会（ＪＢＡ）が主催するジャパン・ビア・グランプリでは、ドイツの方式をそのまま踏襲した。

3　ビールの官能的評価方法

香り、味、臭いを感覚で検出する

官能評価とは「人がどう感じるか」を調べる検査のことをいう。官能評価を行う際に、まず大切なことは、「何のためにその評価をするのか」ということである。また、評価を人間の感覚に頼るのであるから、評価の目的に適した人選をしなければ意味がない。

官能評価が最も多く行われている現場は、ビールの醸造所または研究所である。品質管理と研究開発のために、訓練を受けた専門家によって日々検査が行われている。通常は、このようなプロフェッショナルが審査官となる。また、ドイツでは、一定の試験をパスしなければ、審査官として認めない品評会が多い。この試験は、一回受ければ良い、というものではなく、どんなに著名な審査官でも、例えば二年ごとというように、一定期間ごとに試験をパスしなければならない。

メーカーの鑑定官は、特定の香りや味が出ているか、出ていないか、ということを識別できねばならない。新商品で求められる目的の香りがきちんと出ているか、目指したい苦味が出ているか、その上で、全体的なバランスはどうか、というレベルでの判別能力が求められる。

もっと基礎的なレベルでは、「オフ・フレーバー」と呼ばれる、一般的にビールにあってはならない臭いが出ていないか、ということを識別するものもある。

基礎的といっても、造る側としては、あってはならない臭いが出たら、その原因くらいまでは推測できることが望ましい。例えば、甘い果実のような匂いであれば、エステル等の発酵時の副生成物であるから、発酵時の温度管理に問題がなかったか、と疑いたいし、野菜のような臭いであれば、原材料の麦芽そのものに問題がなかったか、くらいは想像できる知識が必要だ。だからといって、果実香が、2－メチルブタノールか3－メチルブタノールかというような詳細な判別は不可能なので、そこまでは求めない。

ビールをもっと楽しむための鑑定知識とは

いずれにせよ、このような官能評価をするには、それなりの知識の習得と訓練が必要である。その訓練の結果、可能となることは、そのビールのなかに、人間に感知できる味や香りにどんな成分が多いか少ないか、ということが、他の人よりも言い当てられる確率が増える、ということである。どんなに訓練しても、その確率は一〇〇%になることはないので、鑑定は通常、複数の鑑定官で行われる。同じ人が鑑定しても、体調によって異なることがあり、メーカーの審査用紙には、その日の体調などのコメントを書く欄を設けている場合も多い。

また、鑑定能力をどんなに高めたところで、それで、それまで以上にビールが美味しく飲めるということではない。確かにバランスという意味では感覚が鋭くなるが、バランスの取れたものがその人にとって美味しいかどうか、というのは別の次元の話である。

「鑑定の訓練をする前は美味しいと思っていたものが、鑑定の訓練のせいで、特定の香りが気になってしまって、美味しいと思えなくなった」という可哀想な人もいる。そのビールは、独特の風味を出すために、わざとその香りが出るように醸造していて、かつては彼もそのビールのファンだったのに。

美味しいかどうか、ということは、各自の好みの問題であるから、総合的に美味しいと思うか美味しいと思わないかは、いかなる鑑定官の意見であっても、本人でない以上、百パーセント意味がない。美味しいと思うかどうか、だけは、各自が自分で判断する以外ないのである。

また、よくある質問が、「このビールに使われている水はどうですか」というものである。これは（少なくとも私には）識別が困難である。ビールを設計するうえでは、水の硬度、特に、カルシウム・イオンと重炭酸イオンは大切であることは第二章に述べたとおりであるが、いったんビールになってしまうと、元の水がどうであったかを推測することは困難だ。日本酒の場合は、これが可能だそうで、「日本酒なら、全国ほとんどの銘柄について、ほぼどこの水だかわかる」という方にも伺ったが、やはりビールでは「まったくわからない」ということであった。

このように、書けば書くほど、ビールの鑑定というのはメーカーに勤務するわけでもない方にとっては意味のないことにも思えてくる。しかし、ここではあまり深く考えず、一通りのビールの鑑定に関する知識を身につけて、ビールの良い点に注目できるようになれば、ビールを飲む喜びを広げられるかもしれない、という意識で読んでいただければと思う。

評価前の基本事項

官能審査を実施するうえでは、まずは評価の目的を決めて、評価項目と評価基準を決めねばならない。それによって準備も変わってくるからだ。評価するビールのサンプルはすべて同じ温度でなければならないが、例えば、オフ・フレーバーのみの検査をする場合は室温だし、全般的なラガーの品質検査であれば、一〇度Cから一二度C程度ということもある。オフ・フレーバーも審査の対象であり、味の全体的な評価もする場合は、それよりも数度C高めの温度を設定することが多い。

次に注意すべき点として、部屋の明るさ、静粛さなどの条件も大切であるが、鑑定官が香水をつけているとか、鑑定の一時間以内に喫煙をした、などというのはもってのほかである。空腹でも満腹でもいけない。評価の三〇分前になったら何も食べない。また、前日から、香辛料の強いものは食べないように心がけるべきである。

従って、たとえ真似ごとをするとしても、香水ぷんぷんとかタバコを吸っている人と同席してスパイスの利いたつまみを食べながら、ビールのフレーバーなんて蘊蓄したら、素人丸出しなので、要注意。やはり、仲間内で飲むときには、ビールの官能審査については忘れ去ることをお奨めする。

私は、ビール学での世界的権威であるドイツのバイエンシュテファン醸造所にあるミュンヘン工科大学のガイガー教授、デーメンス・ビール醸造大学のシュテムペル校長両氏と約一週間飲み歩いた……いや、ご同行に与かる機会があったが、宴席で飲むビールに対して品評されるようなことは一切なく、楽しく飲まれていた。

しかし、講義になると、オフ・フレーバー・サンプルの薬品びんを手に取るだけで（通常は蓋を開けて、錠剤を基底ビールに溶かして感じるのだが）、「××臭がすごいね」などとするどい臭覚を披露されていたのに驚いたことがある。

余談だが、このときは、両氏につきあって随分とビールを飲んだ。ある晩、いい加減、私が弱音を吐き出すと、

「一日に一杯のビールは飲んだほうが体にいいんだよ。私を誰だと思っているの？　私のい

うことが聞けない？」と優しく語りかけられた。

「先生、もう何杯も飲んでますけど」というと、

「目の前にあるのは一杯じゃないのかね」とからかわれたものだ。両氏のおかげで、あの一週間は毎晩、何度も何度も体にいいことをしていたらしい。

評価手順

まずは、段階を追って具体的な評価手順をみていこう。

〈グラスに注がれてサーブされたら〉

泡を見る。きめ細かいか、すぐに消えてなくならないか。

色は？（自分で設計したら、でき栄えが予想通りかどうか、ということ）

濁りはないか（ヴァイツェンやホワイト・ビアの場合は濁っていることが特徴なので、必ずしも濁って悪い、というケースばかりではない）。

〈飲む前に〉

香りの特徴を調べる。ワインや日本酒のテイスティングの様子を思い浮かべてほしい。飲む前に、グラスを回しながら鼻で香りを嗅（か）ぐであろう。ビールも同様にグラスを回しながら、まず鼻で香りを嗅ぐ。グラスを回すのは香りが良く立ち上るようにするためである。

どのような香りに意識すればよいのかはこの後の「香りのチェック・ポイント」で詳しく

述べる。

〈飲み込む前に〉

口に含んで味の特徴を調べる。舌は部位によって感知できる味が異なることはご存知の通りである。従って、舌全体にビールを回して味を丹念に吟味(ぎんみ)する。

どんな味に意識すればよいのかは、この後の「味のチェック・ポイント」で詳しく述べる。

〈飲み込んで〉

ワインや日本酒のテイスティングでは、口に含んだ後にすべて吐き出してしまうが、ビールは異なり、少しだが飲み込む。飲み込んだほうが、ビールの味が良く分かるし、口と喉での刺激も評価の対象になりうるからだ。特に、ビールの味の官能で大切な「苦味の質」というのは、舌の奥で感じやすいので、飲む際に最終的な判定をする人も多い。飲み込むからといって、ワインや日本酒より、ビールのテイスティングのほうが、少し得した気分、と思うのは、実際にやったことのない人の考えだ。実際に、一日にいくつものビールを審査して評点をつけねばならない立場としては、少しずつといえども、飲んでいくのはつらい。もちろん、オフ・フレーバーだけの検査であれば、飲み込む必要はない。また、飲み込むといっても、少しなので、ワインや日本酒の鑑定同様、吐き出せる設備は必要である。

A.）発酵副生成物：発酵で、エチルアルコール以外に生成される物質による香り
- エステル香、果実香（エールでは適度な果実香が好まれる）
- 溶剤、接着剤臭（発酵前の酸素不足などで生じる）
- 青リンゴ様の刺激臭（酵母の還元能が弱いと生じるアセトアルデヒド）
- 油脂（バター）臭（酵母の代謝不良などで生じるダイアセチル臭）
- カラメル臭（湿度によって、ダイアセチル臭と間違われることもある）
- フェノール臭（薬様の臭い）
- 酢酸臭（酢酸菌による汚染）
- 硫黄臭（通常は炭酸ガスの発生で除かれる）
- カビ臭

B.）ホップ：ホップまたは、ホップの酸化などによる劣化によるもの
- ホップ香（爽やかなものは良い）
- 枯草臭
- チーズ様の臭い（ホップではなく、酪酸菌による場合もある）

C.）麦芽：主に麦芽の脂質の酸化や腐敗が原因で生じるもの
- 野菜（キャベツ）様の臭い（ラガーで発生しやすい）
- 傷んだ卵様の臭い

D.）酵母：酵母そのものによるもの。または、酵母の自己消化によるもの
- 酵母臭
- 腐ったバターのような臭い

E.）酵母以外の微生物：乳酸菌や、他の菌によるもの
- すっぱい匂い
- 腐敗臭

F.）保存：製品後の光酸化によるもの
- 紙臭
- キツネ臭

G.）工場的要因：殺菌剤、金属粉などの混入によるもの
- 薬品の臭い
- 金属臭

ビールでチェックすべき匂いの一覧表

香りのチェック・ポイント

どんなに言葉で表現しても、実際にどんな香りに感じるかは人によって異なる。従って、本気で取り組みたい方は、フレーバー・サンプルを購入したり、セミナーに参加するなどしなければわからないと思うが、ビールの鑑定の際に気をつけるべき匂いについて、できるだけ平易な表現で右表にまとめてみた。

匂いの表現に、果実香のように「香」と書いてあるものは、通常、それがあっても「悪い」匂いとは言えないものである。しかし、ビールのタイプによってはないほうが良い場合もあるし、何でも、過ぎたるは及ばざるが如し、という側面もある。また、「臭」と書いたものは、通常、あってはならない「悪い」匂いである。それでも、ビールのタイプによっては、少々それがあるために、独特の旨さをかもし出している場合もある。最後に「すっぱい匂い」は、良し悪しを一概に判断しづらいので、「匂い」と表記した。

味のチェック・ポイント

味は、匂いに左右される部分もある。例えば「芳醇」というのは匂いとセットで感じるものだ。また、酸味や甘みも、香りだけで感じることもできる。従って、時には、香りの検査項目に「すっぱい匂い」「甘い香り」という欄を設けることもある。一方、苦味、しょっぱさ、などは、味のみで識別するものと考えられている。以下、ビールの評価でよく意識される味の項目を挙げる。

A　舌で感じるもの

酸味……匂いでも感じる場合がある。

甘味……匂いでも感じる場合がある。

塩味……舌だけで感じる。

苦味……ビールでは、単に苦味の多少だけでなく、「いつまでも口に残る苦味」と「心地よい苦味」というように、苦味については、「質」も官能項目にする場合が多い。

ボディー……日本語では、「コク」というのが一番近い。味の濃さを全般的に表現したものだが、主に、麦芽由来の味の濃さ（甘さ）に起因する。「コクがある」のはフル・ボディー、「すっきりしている」のはライト・ボディーである。世界全体のビールの中でいえば、日本のビールは、全部と言って良いほどほとんどがライト・ボディーである。その中でも、少しずつ差をつけて、宣伝では「コクがある」と言っているものも多い。その反対は、といえば、現在の日本の消費者にもっとも分かりやすい言葉を使えば「ドライ」ということだ。

つまり、ボディーが多いまたは少ないから良い悪い、ということはない。フル・ボディーで良くない例としては、「しつこい」と感じられることなどがあげられる。ライト・ボディーで良くない例としては「水っぽい」と感じられることなどがあげられる。

ついでだが、宣伝でよく聞く「キレ」とは何か、を述べておこう。これは、狭義では、ライト・ボディーとして使うこともあるが、以下に述べる炭酸の感覚や香りがないか爽やか、などの基準と合わせて、総合的に締まった味わいと口と喉の感覚、ということである。

B　口蓋で感じるもの

口中感……炭酸ガスの刺激、ソフト（スムース感）、粉っぽさなどを吟味（ぎんみ）する。「まったりとしている」というのは、舌で感じるボディー（フル・ボディー）と口中での食感の両方から判断されるものである。「喉越し」というのは日本特有の価値観かとも思うが、どこで判定するのかといえば口中というより「喉で」ということになるのであろう。また、「キレ」というのも、ヨーロッパでは聞かない概念だが、先に述べたように、口中感で感じる概念も含まれると考えられる。

C　香りと味の両方で感じるもの

芳醇……ボディーとも共通する部分もあるが、さらに香りも含めた感覚である。

フレッシュネス……「新鮮と感じられる」あるいは「古びた臭いや味がしない」ということで、造ってから何日経ったかを示す「鮮度」ではない。「ベルギー・ビールの五年もの」でも素晴らしいフレッシュネスを持つビールもあるし、造りたてでも、いきなりフレッシュネスに欠けるビールもある。具体的には、カビ臭などの臭いであったり、雑菌による雑味である場合が多い。

ビールのタイプによる特有の風味……以上の味や香りは一般的な官能要素であるが、ビールのタイプによっては、そもそも特徴的な味や香りを持つものもある。従って、ドイツ方式の鑑定といえども、そのような特徴のあるビールはあらかじめ鑑定官に情報を渡しておかねばならないし、同じタイプのビールは同じラウンド（一度にテーブルに運ばれるビール群。通常六品目程度）にする。ドイツ方式の場合は、エールかラガー、さらに、色合いを三種（薄い、褐色、黒い）で、合計六タイプへの分類を基本にしているので、非常に大雑把である。従って、特別なヴァイツェンやラオホのようなもの以外は、この点については、コメントは付けられても、品評会で減点の対象になることは少ない。

得点と審査の方法

さて、以上がチェック項目だが、審査員は各項目についてどのような基準で評価得点を与えるかを説明しておこう。

アメリカ方式の場合には、一次予選であれば、そのラウンドのビールのうち数点を二次予選に選定し、決勝では順位付けをする、という手順である。いずれも、円卓についた審査員団が協議して決めていくので、審査員団同士のレベル合わせというものは、協議の中で随時行われることになる。

一方、ドイツ方式では、審査員は、個別に得点を付けていくので、最初にレベル合わせを行う。ワインの品評会などでも必ず行われているもので、甘さの基準として、サンプルのものをいくつにするか、ということを審査委員長が説明してレベル合わせするのである。ビールの場合も、一ラウンド（六品目程度）を行い、審査委員長が各審査員の審査結果を回収して、審査項目毎に、厳しすぎる人、甘すぎる人を指摘して、全体のレベル合わせを行うのが普通である。

得点は、例えば次のように決められる。

五点……理想的。必要な条件を満たしている。
四点……理想からわずかに相違が見られる。
三点……注意すべき点が見られる。
二点……欠点が見られる。
一点……大きな欠点が見られる。

先に書いたように、集計では、審査員団全員の点数のうち、最も高い得点一名分と最も低い得点一名分を除き、残りの得点の平均点をそのビールの得点とする。さらに、その品評会の趣旨に基づき、点数の「重み付け」の倍率を掛け、生化学的分析審査による評点と合わせて総合点とするのが一般的なドイツ方式である。

　何度も書いてきたように、ビールの鑑定結果は「美味しい」という評価には必ずしもつながらない。それだけビールの品質を客観的に評価するのは難しいということである。しかしながら、長年の伝統に裏付けられた審査基準をクリアしたビールには、品質上の安心感が持てるということは間違いない。もちろん、この基準を満たさなくても美味しいビールはあるはずだ。繰り返しになるが、美味しいビールは、やはり、個々人で見極めていかねばならないのだと思う。

実際の官能審査項目

官能審査項目は、鑑評会や官能審査の目的によって、異なるものだ。以上に、香りと味のチェック・ポイントをたくさん書いたが、一度にすべての項目を一つ一つ意識しながら試験をするというわけでもない。メーカーでは、試験の目的がケースバイケースで決まっているから、そのポイントに集中して審査する。一般的なメーカーの審査であれば、顧客の好みに対するものが多く、例えば次のようなものだ。

A　なめらか、すっきり　vs.　大味、単純

B　爽快 vs. 重い
C　コク、芳醇 vs. 物足りない、水っぽい
D　苦味（快い vs. 不快）
E　炭酸の刺激（快い vs. 不快）

一方、ビールの鑑評会となれば消費者の好みに基づく審査に重点を置くとは限らない。あらかじめアナウンスした項目についてのみ集中して審査するわけだ。

例えば、全国地ビール醸造者協議会が主催するジャパン・ビア・グランプリでの官能審査では、醸造学的な見地から、醸造の質をフィードバックすることに力点が置かれている。点数ランク付けの半分は生化学的な試験で客観的な振り分けができているので、官能審査では、得点によって優劣を付けることよりも、各審査官のコメントそのものが重要視されている。具体的な審査項目は次の通りである。

A　香り（のきれいさ）
B　味（のきれいさ）
C　さわやかさ
D　口蓋での感覚

E　苦味の質
F　ビールタイプによる特有の味と香り

一〇名の審査官は、一名の審査委員長の指揮のもと、各自「〇〇臭がわずかだが感じられる」「××香が際立っている」というような率直な官能評価を記述していく。これらの特徴が、明らかにバランスを欠いていれば、もちろん得点として考慮するが、良い悪い、という評価よりも、具体的なコメントをすることに力点が置かれており、これらのコメントは、得点と共に各醸造所にフィードバックされるのである。

日本でもはじまった本格的鑑定

「原本まえがき」で書いたとおり、本書の最終ゲラ・チェックを行っている今（二〇〇三年の六月）、第二回ジャパン・ビア・グランプリが行われている。

この審査会では、一四三種類もの全国から集まった地ビールを、一一名の審査委員団がまる二日かけて官能審査を行っている。私は主催団体の顧問として、審査項目の確認、審査会運営のアドバイスなどを行ってきた。この会場ではビール・サンプルが間違いなく同じ条件で首尾よく審査委員団に配膳（はいぜん）されていくように、現場の指揮をとっている。

審査委員団は、酒類総合研究所、国税局鑑定官室、およびメーカーの専門家らで構成される。二〇〇〇年の第一回目のときには、ドイツから、世界的なビール醸造学の権威である先生方をお二方招いて行った。その時に、併催されたビール鑑定士セミナーにおいて、その先生方から直接のご指導を賜って、厳しい試験に優秀な成績でパスし、その後も自社のビール製造を支えている地ビール・メーカーの専門家二名が、二〇〇三年では審査委員団に加わっている。

大手メーカー各社からも専門家が招かれており、様々な角度から、有意義なコメントがフィードバックされていることと思う。

市民鑑定官の評価軸とは

さて、市民鑑定官である一般読者の方は、造り手でない以上、評価を好きに決めていただいてよいのではないかと思う。何か、自分が好きな味なり香りなり、飲んだときの感覚なりを軸にして、それと比較してどうなのか、という判断をしていくことをお勧めする。

仮に、メーカーが宣伝用に訴える風味のポジショニングに惑わされたとしても、それで美味しいと思えばそれも一案である。例えば、ワインには「ドライ」か「スイート」、日本酒では「日本酒度」という評価軸が、「辛口」「甘口」と同じ価値観として定義されている。しかし、ビールにおいては、かつてはそのような価値観はなかった。「ドライ」という表現はビールにそぐわない、ということだと思うが、あえていえば、ライト・ボディー（発酵度が高い）というのが最も近い概念だった。

　しかし、アサヒビールが「ドライ」という価値観をビール市場に初めて持ち込んで、少々そのニュアンスは変わってきた。そのときに、まったく違う風味のものを、「こういうのをビールでドライっていうんだよ」と他のメーカーが大きな声で言ってしまえば、ビールでのドライというのは異なる価値観として認識されていた可能性もあったのだ。しかし、当時シエア断トツのキリンはタカをくくっていたのだろうか、その機を逸し、「アサヒのスーパードライがビールのドライである」という顧客の認知を許してしまった。

「ドライ」の味のポジショニングは、それまでの「コクがある」といったものと完全に差別化されていて、「洗練されたクリアな味・辛口」としている。日本人に大手メーカーが提供していたビールの味の本質は「コク」ではないと思うので、この訴求はある意味、真面目なものだ。

　コクがないのに、「これがコクのあるビール」なんていつまでも言っているから、市場はビールのコクに対してまったく意味不明の認識しかなかったといってよいと思う。飲んでいる人も、コクがあるから飲んでいるんじゃない。「コクがなくてすっきり」というのが飲む側の本当の感想だったのではないだろうか。さすがに、「コクがない」と言っては買う気が失せるので、「クリアな味・辛口」としたのは正解だった。結果として、多くの日本人がアサヒのスーパードライのポジショニングを支持して、ビールにおける「ドライ」なイメージを歓迎したのだ。

大手メーカーが作った評価軸を利用したっていい

だから、日本の消費者にとって、「ビールの鑑定では何がドライなのですか」といわれたら、「アサヒのスーパードライみたいなのがドライです」というのが一番正しいのだと思う。今さら、「海外であえてドライとは、と聞かれれば、醸造の観点から見てライト・ボディーという側面を答えるが、日本の市場観としてはそれだけで語れない風味の側面があって……」などと議論しても結局のところ、「アサヒが特定の商品と宣伝によって作り上げた概念」というのが最も的を射ていると思う。だから、ドライという評価軸を作ったら、アサヒのスーパードライを飲んで、自分がドライだなぁと感じる感覚と比較して、他の商品をどう感じるか、を評価すれば良いのだ。

日本の大手メーカーのビールは、どれも特徴的な香味がないものばかりだし、品質管理も世界的に優れているので、オフ・フレーバーはよほど保管が悪くなければ感じることはめったにない。地ビール・メーカーも、ジャパン・ビア・グランプリに参加しているメーカーについては、醸造技術がかなり進歩していることがその結果からうかがえ、欠点というのは少ない。しかし、様々な味わいは、好みという点でチャレンジングなものも多く、色々な香味のものがあるので、個人的に好きか嫌いか、というのをチェックしてみるのも面白いと思う。そのタイプを覚えておけば、ヨーロッパなどに旅行しても、TPOに合わせて、好みのビールを注文することができるだろう。

ビールの品評というと、最初の一歩として、コクとキレについて訳がわからずに悩んでしまう方も多いと思う。一般的な用語にまどわされることなく、また、本章の細かい言葉についても深く考えずに、「自分はビールのこんなところが好きだ」という特徴を探すことを心がけて、引き続き色々なビールを楽しまれることも一案であることを付け加えておきたい。

第六章　日本のビール

【演習問題6―1】 ちょっとビール通になってきたつもりのAさんの話は正しいか。

A「多様なビールっていうけどさ、日本にだって結構銘柄あるんだよ。大手だけだって全部数えりゃ何十もあるよ。種類においては大抵の先進国と変わらないんじゃないかな」

【演習問題6―2】 Aさんの話は続く。

A「ビールって酒税が高いっていうけどさ、酒税ゼロの国ってのもないだろうから仕方ないのかな。日本も先進国ってことだよね」

1　日本のビール創生期

ビールは文明開化と共に

ヨーロッパの産業革命が進む中、一八六〇年にアンモニア式製氷機が発明され、続いて醸造家の手による冷蔵技術も確立された。それから一〇年も経たない一八七〇（明治三）年、我が国に、ウィリアム・コープランドがビール醸造所を建設した。その後いくつかの醸造所が建設されたが、明治政府も近代化事業の一つとして力を入れた。これを推進したのは、薩摩藩出身の村橋久成であった。

村橋は一八六五（元治二）年、薩摩藩の画策により英国に留学する。それより少し後、横浜でドイツ人商館に勤務していた中川清兵衛も英国へと渡った。中川はその後ドイツに渡り、ビール工場に二年間勤務してドイツのビール醸造を学び、修了証書を手に帰国する。すなわち、中川こそが、日本人ブラウ・マイスター（ビール醸造責任者）第一号なのである。

その後、村橋は北海道開拓使に参加し、ビール醸造所の建設を思いつく。村橋は、北海道の気候が英国やドイツに似ていることに着目したほか、ビール醸造所の建設によって交通手段などが整備されれば、北海道開拓につながるという思いがあったのではないだろうか。

村橋は、一八七五（明治八）年、ドイツから帰国した中川に出会い、翌年、日本人主導の

ロンドン市内のパブ——仕事帰りの一杯は重要な社交の場だ

ビール醸造所を札幌に作る。ビールの醸造については中川が主導したため、当然のごとく、英国のエールではなく、ドイツの最新式のラガー醸造用の設備が導入された。

一方、大手以外にも、この新しいアルコール飲料「ビール」は日本人に大いに受け入れられ、中小の醸造所もたくさんできた。東京の福生（ふっさ）市にある石川酒造には、今でも当時の仕込み釜が保存されており、近々、その釜を用いて、当時と同じ方法でビールを造る計画もあるという。

2　大掛かりな規制

高額な酒税による寡占化

かくして明治初期に日本に紹介されたビールはあっという間に全国に広がり、明治三〇年頃には銘柄は一〇〇を超えていた。ところが、一九〇一（明治三四）年に施行された新しい酒税法により、ビールに超高額の酒税が課せられ、おびただしい統廃合の後、わずか三社という大量生産型産業に集約されていったのである。その後、この大手三社によって価格協定、生産・販売協定などが結ばれ、ビールは安定した税収源となった。大手三社は心強い国税徴収機関として君臨するに至ったのである。

さて、ビールに対する戦前の超高額酒税は、富国強兵のさなか、国税の約三分の一が酒税であった明治の頃の話であり、それはそれで納得しうる措置だったのであろう。

しかし、様々な産業で潤う現代の我が国においても、その伝統（?）は引き継がれている。「税はすでに取っているところから取る」という方針が財務省にあるからだ。

現在でも世界各国と比べると、わが国のビールに関する税率は飛びぬけて高く、一リットルあたりの酒税は二二二円である。ヨーロッパの主要なビール生産国では一二円から一六円程度。米国では州によって異なるが、二四円から二七円程度である。つまり、あまりの高額酒税のため、手造りの高級ビールなどは日本人の口に入りづらい、ということになっているのである。一方、多くのヨーロッパの国々や米国では、醸造規模の小さいメーカー（地ビール）に対しては、さらに、酒税がその半額程度、としている。

地ビール減税まで

私は業界団体（全国地ビール醸造者協議会）の代表団の一人として、地ビールの酒税の減税のお願いを財務省（当時は大蔵省）に申し出たことがある。

しかし、担当者の結論としては、「業者のわがままであり、国民の理解が得られない」ということであった。読者の皆さんは国民であるとしたら、現在のわが国のビールへの酒税は妥当だと思われるのであろうか。私は、日本は先進国としても民主国家としても特異的であると思う。もっとも、財務省のご担当としては、趣旨が何であれ、減税となれば出世に減点となるわけだから、担当者の問題ではなく組織の問題であろう。これは根が深い。

だが、その後も業界団体は陳情を続け、その成果として、二〇〇三年四月から二〇〇六年三月末までの三年間、新規参入あるいは前年度の生産量（課税移出数量）が一三〇〇キロリットル以下の業者に対し、年二〇〇キロリットル分までが二〇％減税されることとなった。租税特別措置法の中での時限立法である。これは大きな前進ではあるが、せめて地ビールに対しては、このような措置が恒常的な制度にならなければ、産業として根付かせることは難しいと思われる。

そもそも、超高額の酒税のために大手寡占になったのだから、酒税自体を根本的に見直さなければ、真の「規制緩和」とはいえないはずである。

3　大手寡占業界の商品特性

味での差別化はない

さて、このように、日本のビール業界は、日本の名目民主主義、実質社会主義体制の恩恵をうけながら、世界的にもまれに見る寡占態勢を享受してきた。

戦後は、独禁法違反ということで、大日本麦酒が、最終的に現在のサッポロビールとアサヒビールに分割された。そして一九五七年のオリオンビール、一九六三年のサントリーの参入があるなどして、三社から結局五社、というところに落ち着いている（一九五七年には寶酒造も参入したが、一〇年後に撤退した）。

日本のビール市場は、大手寡占になって以来、ピルスナーに似たすっきりしたラガーが主力であった。このタイプのビールは、香味の特徴が少なく、大量生産・大量消費に向いていて彼らには都合がよい。これを一〇〇年近くにわたってやられてしまうと、さすがに、日本人にとっては、「ビールという飲み物は、このような味の（ない）ものだ」と強く印象付けられるようになる。

このように、実質的に味での差別化は困難になっており、目隠しテストで銘柄を言い当てるのが一般消費者には至難の業となって久しい。そこで、日本のクラシカルなマーケティングの本には、しばしば、都合の良い「宣伝効果が比例的に通用する業界」として取り上げられてきた。すなわち、ポスターの数やのぼりの数が売上に直結する、というものだ。

この傾向はテレビ広告の時代に入ると熾烈なコマーシャル合戦として展開され、ある意味ではお茶の間を楽しませてくれている。実は、先進国のなかで、こんなにアルコール飲料の宣伝におおらかな国は少ない。一方で、酒屋と酒問屋については、未成年への酒類販売を抑止するため、などとして、長年にわたって営業免許を厳しく規制してきた。こんな先進国も少ない。

味での差別化ができないということは、それ以外の部分、例えば、容器、宣伝文句、ダイエットなどの機能、そして結局は価格で勝負せざるを得ないのが実情である。

容器戦争

さて、結局、味で勝負できない日本のビール市場で起こったことといえば、一九七〇年の終わり頃から始まった容器戦争である。

それ以前の主流は「びん」での流通であった。ところが、一九七七年にアサヒが七リットルの生ミニ樽を発売したのに引き続き、数リットル入りの容器での販売合戦が激化した。当時の王者キリンも、一九八一年には同様の商品を投入し、一九八五年くらいまでは、酒屋の冷蔵庫がにぎやかだった。そして、この容器戦争が飽きられてしまった頃から、ビールの容器の主流は缶へと移行して現在に至っている。

「生ビール」誤解の宣伝

本格的にびんの「生ビール」を全国展開したのは、一九六七年に登場したサントリーの「純生」である。それ以前にも地域を限定したりして、サッポロやアサヒも「生」と冠する商品をだしたこともあるが、大ヒットには至っていない。

「生」とは、第二章で説明したとおり、結論からいえば、日本人うけする「生」という宣伝文句を語るための方便（ほうべん）である（低温殺菌を行っても、人間に感じる香味は変わらないのに)。日本酒で熱処理をしていないものを「生酒」と呼んでいることから、ビールでも熱処理をしないから、という理由で「生ビール」といいだしたというわけだ。もちろん、日本酒や地ビールのように酵母が生きたまま入っているようでは全国流通に向かないので、「殺菌」するかわりにマイクロフィルターで「除菌」しているのだ。

そもそもの間違いは、樽出しビールを「生ビール」と訳してしまったことだ。ちなみに英語ではドラフト(draught)という。一時期、日本のビールのラベルに、「Live beer」(生きてるビール⁉)などという表示があって、欧米の友人がよく笑っていたものだ。

確かに、ビール・タンクから外気にまったく触れずに樽詰めされるビールは、どうしても外気に触れてしまうびんや缶に詰められたビールよりも美味しい。だから、樽出しビールは旨い、というのは理解できる。しかし、たまたま樽出しビールを「生ビール」と呼んでしまったからといって、びんビールや缶ビールを「生ビール」と呼ぶことにしても、旨さには何ら関連性はない。

キリンは、アサヒのスーパードライに№1の座を奪われるまでは、ここで説明したような、まっとうな主張を通していたはずだ。消費者も、それほどは惑(まど)わされていなかった。しかし、アサヒがスーパードライで攻勢をかける前後から、「生」というのをうたい文句にしていたため、「スーパードライは『生』だから美味しいのではないか」とか、「キリンのラガーは『生』でないから美味しくないのでは」というような誤解を生むようになってしまったようである。かつてのキリン・ラガーを飲んでいた方であれば、この「生」の誤解はよくわかるはずである。

ドライ戦争で生まれたスタンダード

さて、日本のビールは画一的だが、どのように画一的なのか。はっきり言ってすっきりしているが、コクなどない、というところであろう。

しかし、「コクがある」というようにずっと宣伝している。ところが、実物は、単に喉の渇きを潤すのにちょうど良い、すっきりした飲み物なのだ。もう本来のコクのあるヨーロッパのビールの味など一〇〇年前に葬られているのだ。だから、ビールのコクなんて日本人は誰も知らない。そこで、何ら疑問は感じないのかも知れないが、宣伝文句に矛盾があるのは明らかだ。

そして、その点をうまく訴求した商品が、一九八七年に登場したアサヒの「スーパードライ」である。これこそ日本のビールが長年にわたって築いてきた姿なのだ。私はヨーロッパの様々なビールが好きで好きでたまらないが、日本のビールを何ら否定しているわけではない。喉の渇きを潤したいときに飲むビールとしてはとても良くできている。高い品質のビールなのだ。ビールに対する「ドライ」という言葉はアサヒが発明したものだと思うが、日本人が「ビール」に抱く期待にうまく訴求していて、事実上、「こういうのをドライという」

	改定前	03年5月以降
ビール	222円	222円
発泡酒（麦芽を50％以上使用）	222円	222円
発泡酒（麦芽を50％未満25％以上使用）	152.7円	178.125円
発泡酒（麦芽を25％未満使用）	105円	134.25円

ビールと発泡酒の酒税（1リットル当たり）

というスタンダードを築いた。

発泡酒

日本のビールへの酒税がいかに世界標準からかけ離れているかを如実に語っている存在が発泡酒である。発泡酒にも三段階の税率があるが、現在、日本のビール出荷量の約半分を上回る人気の発泡酒は、もっとも税率の低いものである。それでも、ドイツやベルギーの「ビール」の酒税に比べれば五倍程度も高い。二〇〇三年の五月からは、さらにその税率も引き上げられた。

発泡酒とは何か、というと、日本の酒税法で定めた定義であって、具体的には、麦芽を原材料（の一部）とした醸造酒のうち、（日本の酒税法が定める）ビールではないもの、のことだ。では、日本の酒税法が定めるビールとは何か、というと、麦芽の使用比率が六七％以上であり、原材料に麦芽、ホップ、米、トウモロコシ、ばれいしょ、その他の法令で定めるもの以外のものを使用していない醸造酒のことである。それ以外、とは何かは、具体的には省略するが、要はでんぷんとなる作物類のことである。

発泡酒の税率は、麦芽の使用比率が五〇%以上だとビールと同じ、五〇%未満二五%以上はちょっと安く、二五%未満が最も安くなっている。このような税率区分は、食糧難のときにできたものだと言われている。麦は食用に使うべし、というのがその思想であろう。しかし、現在は、国産の麦は値段も高いので、大手メーカーはいやいや買わされているのが実態で、一定量の国産の麦を買うかわりに、輸入分の関税を免除してもらっているのだ。そんな時代であるのに、麦を使わないほうが税率が安いというのもおかしな話ではあるが、根本的におかしいのは、ビールの酒税が高すぎることなのだ。発泡酒は、ビールの高すぎる酒税を国税として納めずに、消費者に還元しようとするメーカーの試みである。この試み自体は歓迎されるべきだと思う。しかし、気に食わないのは、はっきりと「ビールの酒税が高すぎる！　現在の発泡酒よりも安くすべきである」と堂々と訴えないことである。日本の大手ビール・メーカーは、人工的に酵素を加えるなどして麦芽使用比率を二五%に抑えたビール（日本の酒税法では発泡酒と呼ぶ）が主流になることに、日本国民の誰がどんな喜びを感じていると思っているのだろうか。

なぜ大手メーカーはビール酒税減税を訴えないのか

ガソリン各社は、「日本のガソリン税はアメリカの四倍である！　安くせよ！」と訴えている。業界の発展と消費者の利益が合致しているのだから、当然の主張である。しかし、欧州よりも二倍程度ビールの酒税が高い米国のさらに一〇倍程度も高い日本のビールの酒税は、たった数社と当局の仲良しグループが長年にわたってその甘い汁を享受してきたせいか、消費者の利益と業界の利益が一致しないらしい。「わが社だけ」「今だけ」酒税をセーブして売り上げを確保したい、というような発泡酒は決して歓迎できるものではない。

そんな発泡酒の価格が妥当だと思う国民が、まっとうなビールの酒税を受け入れ続けねばならない合理的な理由がどこにあるのだろうか。酒税の変更要請は業界が消費者の立場にたって先導するのが一番早道なのだ。「発泡酒増税反対」などという本末転倒なキャンペーンをするのではなく、正々堂々とビール酒税減税を打ち出すメーカーが出てきて欲しいものである。

一方、これらの磐石（ばんじゃく）なメーカーとは違って、中小ながらも本物志向のビールを製造している小規模ビール・メーカーは、地道にビールの減税を訴えている。欧米では製造規模によって酒税は異なり、小規模であれば、免税あるいは大手の半額程度になっている国も多い。地ビール・メーカーで組織する全国地ビール醸造者協議会が三年間にわたりそのような措置を求め続けた結果、二〇〇三年四月から施行されることになった。しかし、減税の割合はわずかであり、租税特別措置法の枠組みなので、三年間の時限立法である。三年後には元（もと）の木阿弥（もくあみ）になってしまっては意味がない。

消費者に目を向け、消費者により良い価値を提供しようとするメーカーを見極める目を養い、そうしたメーカーを育てられるような消費者になりたいものである。

機能性での競争

ビールに限らず、一般的な「商品」のライフサイクルには定番の道筋がある。商品の成長期には、商品自体（コア）の良・不良が問われ、コアの差別化が難しくなり、市場が成熟するに従って、次第に商品のコアに付随した機能へと関心が移り、やがては、商品イメージといったまったく周辺的な要素での勝負になる。

例えば、初期の腕時計は、どれだけ時刻が正確か、ということが商品力の焦点であった。しかし、時刻の正確さがさほど問題にならなくなってくるにつれ、カレンダー機能などの付随機能が追加されていった。やがて一人一個は当たり前になって市場が成熟してしまうと、ファッション性やＴＰＯに合わせた時計が出回るようになった。

日本のビール市場は、この商品ライフサイクルでいえば、とっくに飽き飽きされた成熟市場である。そこで、周辺機能である容器を変えてみたり、味を連想させるイメージ合戦を繰り広げたりしてきた。そうしたなか、最近の健康ブームに目を付けて、ダイエット、プリン体カットなどの健康志向的な機能を持たせたビールの投入が目立っている。

アルコールがそもそも高カロリー

ここでは、読者にも関心が高いであろう、ダイエットを売り物にしたビールや発泡酒について、その中身と効果について考えてみる。まず、ビールがアルコール飲料である以上、ビールに含まれるカロリーは、アルコール分と糖質との二つから成り立っている事実を認識しなければならない。

すなわち、

「ビールのカロリー」＝「アルコール分のカロリー」＋「糖質のカロリー」

である。ここで、さらに認識せねばならない事実は、アルコール自体が高カロリー食品だということだ。アルコール濃度が五％の水溶液三三〇ミリリットルは、それだけで九二・二キロカロリーになってしまう。アルコール濃度が高ければ高いほど、同じ容量あたりのカロリーは高くなる。

ビールのカロリーを抑える方法

ここから、ビールのカロリーを抑える方法は、以下の三つのパターンが考えられる。

A　アルコール分と糖質の両方を少なくする。

基本的に、単純にビールを水で薄めるようなものと考えてよい。しかし、このパターンはあまり見かけない。アルコールも味に影響するものであり、単純に薄めただけでは味として魅力がなさ過ぎる。カロリーの少ないもので香味を付けるのもそう簡単ではない。

B　アルコール分はそのままにし、糖質のみを少なくする。

最も良く見かけるのが、このパターンである。例えば、日本のある大手メーカーのライトビールの場合、アルコール分は通常のビールと同じで、糖質だけを五〇％カットした、としている。その結果どれだけのカロリーがセーブできたかというと、三五〇ミリリットル一缶あたり、通常のビールでは一四七キロカロリーのところが、一一九キロカロリーになった、ということだ。つまり、セーブできたカロリーは、二八キロカロリーである。そもそも、アルコール分だけで、九一キロカロリーあったということである。

糖質をカットするということは、よく言えば「すっきり」するといえないこともないが、ビールのコクや旨味をカットすることなので、味わいに対しては大きなハンデがある。しかも糖質をカットしても、アルコール分をそのままにしておく以上、所詮（しょせん）減らせるカロリーは、三三〇ミリリットルで二〇〜三〇キロカロリー程度なのだ。

ビールのカロリーの半分以上が、すでにアルコール分からの寄与であることを知っていれば、「糖質五〇％オフ」という宣伝で、「カロリー五〇％オフ」と勘違いする人もいないだろうが、実際には勘違いしている人が多いようだ。まさか一般の消費者の無知をいいことに勘違いさせよう、などというような悪意はないと思いたいが、私は、本気でカロリーを気にしている人には、やはりビールは控えたほうが良いとアドバイスしたい。

C　糖質はそのままにし、アルコール分をカットする。

アサヒビールの「スーパーモルト」という商品がこのパターンである。糖質をそのままにして、アルコール分を三・五％に下げている。アルコール分が少ない分だけ、全体のカロリーも低くなっているというわけだ。従って、このタイプの場合は、味わいに関する成分は変わらない。

以上の三つが、ビールのカロリーを抑える方法である。話をシンプルにするために、カロリーの内訳にスポットを当てて「糖質」＝「味わいの成分」として書いたが、本当は、アルコール分も大切な味わい成分の一つである。美味しいビールを造るには、何と言っても全体的なバランスが大切なのだ。売り文句として「ダイエット」を出すための苦労はわかるが、私としては、ビールに含まれるカロリーを消費者に良く理解してもらい、自制のうえで末永く美味しいビールとお付き合い頂きたいと願っている。

「プリン体カット」の秘密

二〇〇三年、プリン体を九〇%カットした発泡酒がキリンビールから発売された。プリン体というのは、核酸の構成物質の一つで、通常は体に悪いというものでもない。しかし、痛風になったりすると、摂取すべきでない「悪者」になるのだ。医学的な根拠は賛否両論のようだが、悪い可能性があるので、ほとんどの医師は、痛風の患者にはビールを飲まないよう指導していると思う。

プリン体は、麦芽に含まれているのであるから、麦芽の使用比率の低い発泡酒をつくるならプリン体の低いものを、というのは合理的な着眼点であろう。

さて、通常のフィルターではプリン体は通過してくる。かといって、フィルターをさらに細かくしてしまっては、味の成分もカットされてしまう。そこで、プリン体を選択的に吸着除去する物質を発見し、九〇%のカットを実現したということだ。取り除くメーカー側からみると、九〇%カットというのは素晴らしい技術だと言える。しかし、痛風の患者から見て、九〇%カットならば良いのか、というのは別の問題である。全然カットされていないよりも良さそうだ、という気もするので、痛風でも医師を無視してビールを飲んでしまっている人は、これにしたほうが良いのかも知れない。しかし、これまでまったく飲まずにがまんしていた人が、「これなら飲んでも良いだろう」などと、ゼロ↓一〇％摂取でもＯＫ、と考えるのは間違った解釈であろう。

プリン体が痛風の発症の原因なのか、症状を悪化させるのか、もし本当にそうであれば、どのくらい摂取しても大丈夫なのか、などが解明されなければ、九〇％カットしたからといっても飲んで良いかどうかは判断できない。安心してビールを飲めるように、あるいは、ビールで体を壊すことのないように、医学の進歩が待たれるところだ。

結局、どんな種類があるのか

日本では長年、味としての中身より、どのように商品のイメージをポジショニングして、それを消費者に訴えるか、ということが、ビール業界の売れ筋を決めてきたのである。

その結果、ブラインド・テストでは味の差別化が困難であるような商品に、様々な名前や特徴というものが考案されて、一見色々な商品群があるように見えるようになった。商品の中身ではなく、周辺的な要素を競うという成熟産業の典型である。

第四章ではビールに様々なスタイルがあることを述べたが、これらのスタイルと日本の大手ビールの関係は図の通りである。従って、本当に、「味」を求めて様々なビールを飲みたければ、小規模ビール（地ビール）か輸入ビールかを飲まねばならない。だが、酒税法が現在のままでは、日本の小規模ビール・メーカーが存続していくのは容易ではない。

4　マイクロ・ブルワリーの登場

中途半端な規制緩和

一九九四（平成六）年まで、酒税法によって、大手メーカー以外によるビール醸造所の新規建設は認められていなかった。正確に言うと、年間の製造数量が二〇〇〇キロリットル以上の生産見込みと販売見込みがなければ新規の参入は認められなかったのだ。しかし、細川政権時代の規制緩和の一つとして、年間の最低製造数量が六〇キロリットルに引き下げられた。

ワインや発泡酒の年間最低製造数量は六キロリットルだが、なぜかビールは六〇キロリットルである。さすがに、大手と同じようなビールを同じ市場で真っ向勝負するわけではあるまいし、ビールが装置産業だから、という理由でないことは明らかだ。かといって、レストランを主体にする飲食業の客寄せという位置付けであれば、中古の設備などを使用してできるだけ簡単な設備で造りたいし、数量なんて年間一キロリットルも造れれば十分というところも多いはずだ。現状の日本の地ビール会社は、六〇キロリットルも造らねばならないという無駄な投資を余儀なくされ、過剰設備に悩むところがほとんどである。

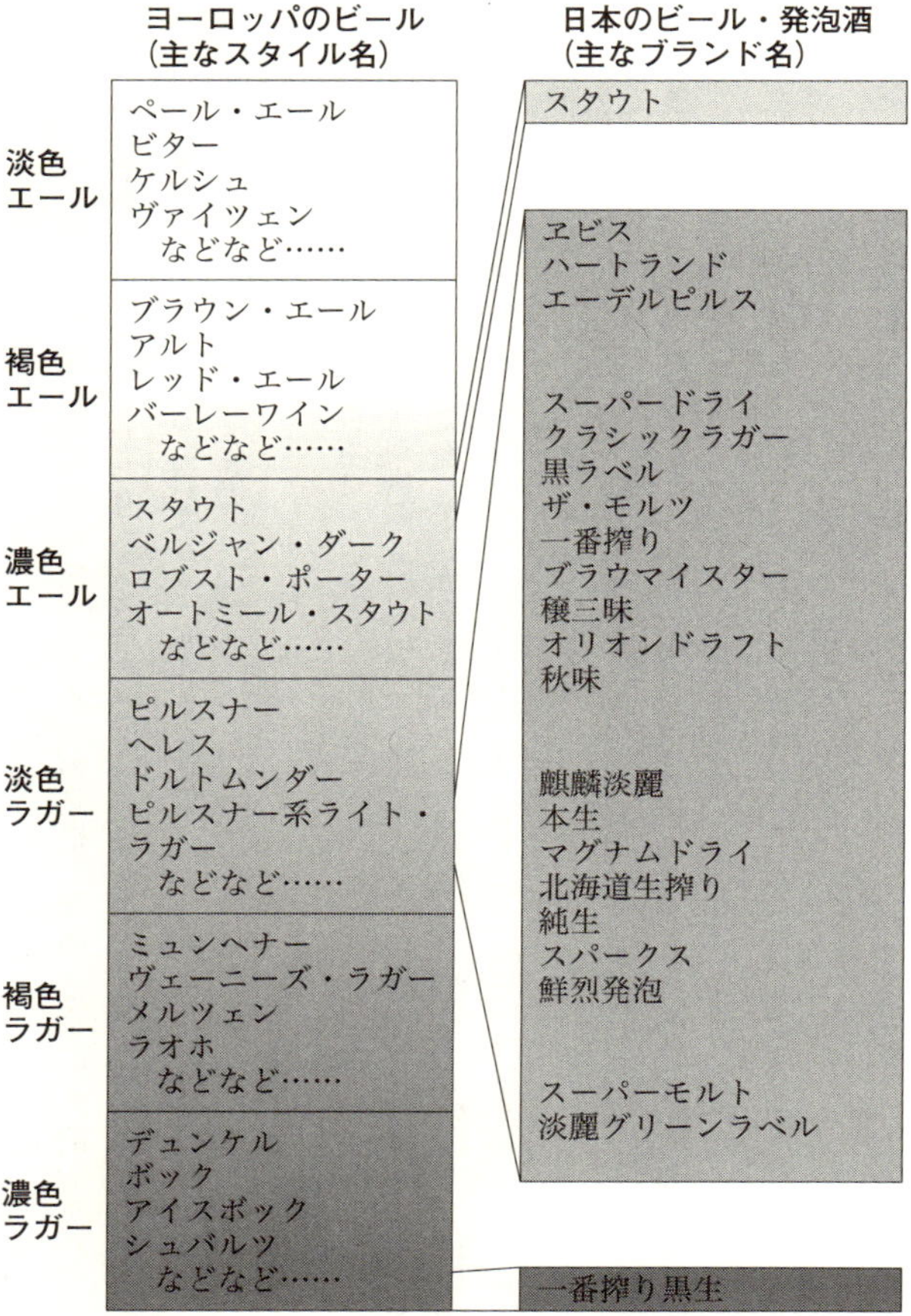

ヨーロッパのビール（主なスタイル名）

淡色エール	ペール・エール ビター ケルシュ ヴァイツェン 　などなど……
褐色エール	ブラウン・エール アルト レッド・エール バーレーワイン 　などなど……
濃色エール	スタウト ベルジャン・ダーク ロブスト・ポーター オートミール・スタウト 　などなど……
淡色ラガー	ピルスナー ヘレス ドルトムンダー ピルスナー系ライト・ラガー 　などなど……
褐色ラガー	ミュンヘナー ヴェーニーズ・ラガー メルツェン ラオホ 　などなど……
濃色ラガー	デュンケル ボック アイスボック シュバルツ 　などなど……

ビールの種類

日本のビール・発泡酒（主なブランド名）

スタウト
ヱビス ハートランド エーデルピルス スーパードライ クラシックラガー 黒ラベル ザ・モルツ 一番搾り ブラウマイスター 穣三昧 オリオンドラフト 秋味 麒麟淡麗 本生 マグナムドライ 北海道生搾り 純生 スパークス 鮮烈発泡 スーパーモルト 淡麗グリーンラベル
一番搾り黒生

足りない種類は地ビールで……

また、そもそも、どうして大手の寡占になったのか、ということを考えれば、小さいところがやっていけなくなった元凶である、ビールへの破格の高額酒税を国際的な水準にする(一リットル当たり、現状二二二円を二〇円程度にする)とか、小規模製造者は大手とはまったく異なる商売をしているわけだから、酒税を撤廃して、地方ごとに別途決めさせる、というような手を打つべきであろう。

日本でも豊かなビール人生を!

二〇〇三年四月から租税特別措置法の一環で、ようやくある程度の減税が認められたものの、今後ともこうした小規模メーカーが存続していくためには、せめてこのような措置が恒常的に制度化され、さらに、国民の理解を得ながら、抜本的な諸制度の見直しが図られることが望まれる。

塩川財務大臣は、酒税などを地方に移管することを検討している、としている。これは大変望ましいことである。ビールから現在のような世界的に桁外(けたはず)れの酒税を取らねばやっていけないような地方ばかりではないだろう。国際標準をめざす豊かな地方ではリーズナブルな価格で地ビールが飲める、ということだ。素晴らしいことになりそうな気配がする、グッド・ニュースである。ぜひ、推し進めて頂きたいと願う。

そうした諸制度が整わずとも果敢にこの事業に参入している小規模ビール製造者には、多様な食文化を広める使者として頑張って、美味しく楽しい様々なビールを造り続けてほしいものである。

今でも一二〇〇社を超えるビール・メーカーの味わいが楽しめるドイツのようにとまではいかないが、我が国でも様々なビールが楽しめるようにはなってきつつある。読者の皆様には、大手のビールをこれまで同様楽しみつつ、それとはまったく異なる、多様な美味しく楽しい地ビールの楽しみを広げて、一度きりのビール人生（？）を存分に楽しんでいただきたいと心から願っている。

筆者製造のエール

【演習問題1―1】 自称ビール通のAさんの話は正しいか。
A「ビールの起源ってエジプトとかメソポタミアって言われているから、今から五五〇〇年くらい前だね。それより前に生まれた人たちはかわいそうだよね。こんな美味しいものも知らなかったんだからね」

【解答1―1】
正しくない。ビールの起源は有史以前と考えられ、いつ製造が始まったのかは不明である。「証拠」として現存する最も古いものが、古代エジプトやメソポタミア文明のもので、今から五五〇〇年くらい前である。しかし、農耕が始まった八五〇〇年くらい前からは、いつでもビールを造る実現可能性はある。単に、そんな昔の人類の生活の記録が残っていないだけなのだ。つまり、「ビールの起源は、五五〇〇年以上昔だが、八五〇〇年以上昔とは考えづらい」ということである。

【演習問題1―2】 Aさんの話は続く。
A「古代エジプトでは給料の一部がビールだったっていう記録もあるんだって。ビールを給料の一部にするなんてもちろん今じゃ考えられないことだけどね」

【解答1―2】
正しくない。現在、少なくともドイツのビール醸造所や一部のレストランでは、ビールを報酬の一部とする慣習が健在である。日本で活躍中のドイツ人ブラウ・マイスターに対しても、同様の契約をしている醸造所もある。

【演習問題2―1】 ビール通であるあなたは、ビール通でないAさんの問いに明快に答えよ。
A「ビールは麦が原料だって聞いたけど、麦焼酎も麦からできている。焼酎が蒸留酒だってことは知ってるけど、麦焼酎って蒸留する前はビールだったってこと？」

【解答2―1】

ビールは、麦を発芽させた「麦芽」から造るが、麦焼酎は、「麦」から造る。麦芽は、アミラーゼなどの酵素を自然発生させることで、でんぷんを糖に変える。一方、麦焼酎の場合、麦に麴菌（こうじきん）をふりかけ、麴菌による発酵で、でんぷんを糖化させる。この「糖化」のプロセスがビール（やモルトウィスキー）と麦焼酎の最も大きな違いである。

【演習問題2―2】 Aさんの質問は続く。

A「レストランで樽からジョッキに注がれるビールを生ビールっていうけれど、缶とかびんでも『生』ビールとそうでないビールがあるよね。大手ビール・メーカーから販売されている生ビールは、『生』といってもビール酵母は入っていないそうだ。なら、いったい何が『生』なの？　それで何がウレシイの？『生』じゃないのは美味しくないの？」

【解答2―2】

日本では、低温殺菌処理をしていないビールを「生ビール」と呼んでも良いことになっている。しかし、低温殺菌をしないと、流通の過程で品質の劣化が激しいので、大手ビール・

メーカーでは、殺菌のかわりにマイクロフィルターによる「除菌」をして、これを「生ビール」と称している。

さて、これで、何がウレシイか。それは、売れるからだ。では何故売れるか？　日本人は、「生」だと何でも美味しいという先入観を持っているからだ。で、その先入観はビールにあてはまるのか？　この「生」は、日本のビール業界におけるマーケティングの意味合い以上の意味はない。従って、味という面においては、私は「生だから美味しい」という先入観はビールにはまったくあてはまらないと思うが、あてはまる、と思う方はご自由に。

【演習問題3―1】ビール通でないAさんの問いに明快に答えよ。
A「黒ビールってあるけど、この間、地ビール飲んだら、茶色だったよ。『ハーフ&ハーフですね』って聞いたら『全然違う』っていわれたけど、ビールの色の違いってどこから生じているの？」

【解答3―1】

ビールの色の違いは原材料の麦芽の色に由来する。麦芽の色は、焙燥するときの温度と時間で決まる。高い温度で焙燥するほど色は濃くなる。複数の麦芽から一つのビールを造ることもよくある。使用する麦芽のトータルの色合いによって、ビールの色も、薄い黄色から真っ黒に近い色まで、連続的に様々な色にすることが可能である。

【演習問題3―2】 Aさんの質問は続く。
A「何でビールびんって茶色が多いのだろう。日光が当たると良くないんだろうけど、それならば、いっそのこと黒いびんのほうがいいんじゃないかな」

【解答3―2】
日光に限らず、蛍光灯の光といえどもビールにとっては有害である。光のエネルギーによって、化学成分が変化して、良くない臭いを発するからだ。この化学変化を引き起こすのは特定の波長の光である。その特定の波長の光は、茶色のびんが最も効率よくカットする。だから、多くのビールびんは茶色なのだ。茶色に次いでこの波長のカットに寄与するのは緑色のびんである。その他は、黒といえども、ガラスびんでは、ほとんどこの波長の光をカットすることはできない。

【演習問題4―1】ビール通に目覚めてきたAさんだが、次の発言は信用して良いか。
A「ビールといえばドイツ。ドイツといえばラガー・ビールだよ。中でもミュンヘン。オクトーバフェストっていうビールの祭りもあるし、ドイツのなかでも一番たくさんビールを造っているんじゃないかな」

【解答4―1】
この発言は信用できない。ドイツで最もビール醸造量が多いのはドルトムント市で、ドイツ全体の醸造量の約四分の一を占めている（しかし、「有名」という意味では、ミュンヘンが勝っているかも知れない。オクトーバフェストというビール祭りは特に有名）。

【演習問題4―2】 Aさんの怪しいビール話は続く。

A「ヨーロッパにはクリスマス・ビールってのもあるんだよ。どんなのかって……そりゃ、クリスマスなんだから、シャンペンみたいに軽くて飲みやすいものだと思うけどなぁ」

【解答4―2】

この発言も信用できない。クリスマス・ビールという特定のスタイルがあるわけではない。アルコール度が一四%もある濃厚なものものもオーストリアにはあるが、何の特徴もないものをクリスマス・ビールと称して出荷する醸造所もある。要はクリスマスの時期の特別ビール、ということで各醸造所が独自に造ったものである。

【演習問題5―1】 ビール通をめざすAさんの考えは正しいか。

A「やっぱりビールは水だよ。ビールの味の複雑な評価をする前に、ビールを飲んでどんな水が使われたかがわからないと意味ないよ。そうでなければ、○○の

「天然水で造りました、なんていう宣伝、意味ないもんね」

【解答5―1】

正しいとは言えない。第三章で述べたように、一般的にビールに適した水、というのはあるが「そのまま飲んで美味しい水」と「ビールにして美味しい水」との因果関係はない。しかし、仕込み水の性質はビールの味わいとは深い相関関係があり、最終的に目指す味わいのビールにマッチした性質を持つ水を使えば、その特徴は活きる。もちろん、その水が飲み水として美味しいかどうか、とはまったく別問題である。また、日本酒の場合と異なり、ビールを飲んで、仕込み水の産地を言い当てることは極めて困難である。

【演習問題5―2】 Aさんの話は続く。

A「酒屋でありったけのビールを買ってきたよ。ビールの鑑定をしてみようと思ってさ。でも、考えたら鑑定するって、一滴も飲まないいんだったよね。あれ？ビールは喉越(のどご)しなんだから、やっぱり、ガンガン飲まなきゃ鑑定できないか……」

【解答5―2】

ビールの全般的な官能審査では、舌の奥のほうで感じる苦味や、口内全体での感覚、喉での感覚（いわゆる喉越し）も判定するために、少々だが、飲み込むのが普通である。飲み込む量には個人差がある。一度に審査する量が多い時には、少量ずつでないと、次第に感覚は鈍っていくので、飲み込むのは最小限に留(とど)めるのが一般的。

【演習問題6―1】 ちょっとビール通になってきたつもりのAさんの話は正しいか。

A「多様なビールっていうけどさ、日本にだって結構銘柄あるんだよ。大手だけだって全部数えりゃ何十もあるよ。種類においては大抵の先進国と変わらないんじゃないかな」

【解答6―1】

正しくない。日本の大手メーカーの銘柄は、色の黒いものを除けば、ほとんどがピルスナー・タイプのラガーである。欧州で育まれた多種多様なビールのスタイルから考えれば、ごく一部にすぎない。

【演習問題6―2】 Aさんの話は続く。
A「ビールって酒税が高いっていうけどさ、酒税ゼロの国ってのもないだろうから仕方ないのかな。日本も先進国ってことだよね」

【解答6―2】

日本のビールの酒税は、欧州の主な国に比べると、二〇倍近く高い。地ビールに至っては四〇倍近い。「ビールの酒税が高い」といって怒っている米国と比べても、大手で一〇倍近く、地ビールでは二〇倍近い差がある。すなわち、日本のビールに対する酒税は、先進国としては異例の超高額なのである。明治時代に決められた当時には仕方ない面もあったと思うが、現在においては、国民が文句を言わない、という以外に合理的な理由はないと思われる。

原本あとがき

本書では各章の初めに「演習問題」を付けたが、読み返していただいて、「簡単」と思っていただけたであろうか？　「解答」を見て、「ああ、そうだった」というレベルであれば、「日本のビール通」。「解答」を見なくても、すらすらと答えが言えるレベルであれば、「世界に通用するビール通」である。

ここに書いてあることをすべて覚えておく必要はないが、本書の目的は皆様に「世界に通用するビール通」になって、「とことんビール人生を楽しんでいただく」ことなので、少しでもそのお役に立てれば嬉しい限りである。

さて、私は自社の経営上の思惑からビール醸造プラントを手放したが、そのプラントは、現在、千葉県印西市にある巨大ホームセンター「ジョイフル本田千葉ニュータウン店」の二階で稼動している。そこで造られるビールは、醸造責任者の菊地さんらのご尽力により大好評を得ている。かわいい我が娘を玉の輿（たまのこし）に乗せた気持ちで、とても嬉しくみつめている。現在の私には、自社ブランドがないので、このブルワリーだけでなく、全国のすべてのビール・メーカーを応援する気持ちでいっぱいだ。

大手のビールも悪くはないが、本書にお付き合いいただいた読者の皆様には、日本で健闘する多様なビールの味わいもぜひともお楽しみいただきたい。全国地ビール醸造者協議会のホームページには各地の主な地ビール醸造所の情報が出ているので、各醸造所に問い合わせるなどして、ご近所で、あるいは旅先で、ぜひ、様々な味わいのビールを楽しんでいただきたい。

（全国地ビール醸造者協議会ホームページ　http://beer.gr.jp/）

本書は、そもそも、私がビール醸造事業をしていた当時に出していた「ビール通への道」というメルマガが出発点となっている。このメルマガ執筆時に校正や発行をお手伝いいただいたパトラー坂本さんも、つい最近「お母さん」になった（あわててこの部分をちょっと書き換えている）。この原稿を書いている最中はずっと禁酒の身であったのに、本書が世に出ているときには、元気な赤ちゃんと一緒に出版祝いの乾杯をできるとは、さすが（?）。あれほどビール好きのパトラーさんがかたくなに「禁ビール」してのご出産はビール・ファンの鑑。お子さんがビールを飲むようになったら、このページを開いて、母が長く楽しくビールと付き合う秘訣を心得ていた証としてください（?·?）。なにはともあれ、心より感謝と合わせて祝福申し上げたい。

また、当時は韓国に在住しながら、プロの視点でメルマガ原稿を本格的に最終校正してくだざった川島淳子さんも、現在は、私の尊敬するエンジニアであるご主人の邦夫さんとともに帰国されている。私もメルマガを書いていた当時は、まったくいつ寝ているのかわからないような日々であったが、今は落ち着いてビールのことを第三者の視点で見渡せる立場になった。メルマガの総集編とも言うべき本書を書きあげたので、ようやく当時のメンバーが腰を落ち着けて一緒に乾杯できるときがやってきた。

洋泉社から出版していただいた前著『ビールの力』では、私のビールとのかかわりを、醸造所経営者の視点で著した。しかし、かつてのメルマガ自体が、醸造所からの視点にならぬよう、より一般的なビール知識の底上げを意識していたため、改めて、メルマガに著した知見の総集編ともいうべき本を書きたいと思っていたのだ。そんなとき、講談社選書出版部の井上威朗さんから、「一般読者向けのビールの教科書的な本を作りたい」というお話をいただいた。当時は私の会社自体が激動の中で、執筆活動に思うように時間がとれず、ご迷惑をおかけしたが、なんとか夏に間に合って出版することができた。井上さんの辛抱強さとご協力に改めて感謝申し上げたい。

また、本書の写真は、すべて、ＪＴＢの石川智康さん（現・全国地ビール醸造者協議会理事・事務局長）からお借りしたものである。石川さんと私は全国地ビール醸造者協議会の顧問仲間であり、よき飲み仲間でもある。石川さんは、ＪＴＢの社員であることをいいことに、「ヨーロッパ各地の地ビールめぐり」というような美味しいツアーを毎年のように企画し、仕事と称して数々のビール・ファンとともに、ヨーロッパのビール通にしか行けないような醸造所を飲み歩いていらっしゃる。

イラストは、現在、一緒に仕事をしている正村知理さんに描いていただいた。あれこれと、うるさい注文を辛抱強く聞いてくださって、イメージ通りのイラストに仕上がった。おまけに私の似顔絵（胴体は似てないからね！）まで描いてくださってありがとう。

それから、イラストに出てくるビール職人は、横浜ビールの榊醸造主任だ。イラスト作成にもご協力いただいた。ありがとう。実は榊さんは横浜の浜カレーのコンクールでも優勝していて、味へのこだわりを感じるビール職人である。でも、何でカレーなの？

さて、そもそも本書は日本のビール・ファンとすべてのビール醸造者が、より楽しいビールの社会を築くための一助になれば、との想いを込めて書き始めたものである。どんな想いで書こうとも、まずは読んでくださる人がいなければ始まらない。最後まで本書にお付き合いいただいた読者の方々に、改めて心からお礼申し上げたい。

二〇〇三年六月

青井博幸

学術文庫版のあとがき

本書の「原本」は二〇〇三年に講談社選書メチエから出版されました。数回の重版の後に、電子版が用意され、この度、講談社学術文庫版として改めて世に出して頂きました。講談社の関係者各位、そして愛読してくださった読者の皆様に心より御礼申し上げます。

もともと「原本」は、「ビール通」のために書いたのですが、今では、もはや、普通にビールを楽しむすべての人のお役に立てる一冊になったのではないかと思います。なぜかというと、「原本」を書いた当時に比べると、日本でも随分とクラフト・ビールが浸透してきたからです。

日本の地ビール・メーカーさんたちがコツコツと素晴らしい味わいのクラフト・ビールを造り続けてくれたお陰であることは間違いありませんが、二〇一〇年代になってからは大手ビール・メーカー各社も様々な味わいのビールを出してくださり、多くの小売店がビールの棚にクラフト・ビールのフェースを確保するようになりました。二〇一六年に日本醸造協会さんからの依頼でクラフト・ビールの事業戦略について講演をさせて頂いた際には、小規模ビール事業者のみならず、大手ビール・メーカーさんからの参加者もいらっしゃり、隔世の感がありました。大手ビール・メーカーさんが本腰を入れてきた、ということは、日本のビール消費者が、ビールに多様性を求めるようになったことを意味しています。

私が一九九七年にクラフト・ビール醸造を目的に立ち上げた会社は、ビアライゼ株式会社という名前でした。ビアライゼというのは、ドイツ語の"Bier-Reise"＝〃ビール紀行〃のことです。日本でもヨーロッパ各地でも、様々な味わいのクラフト・ビールを飲み歩いて楽しめるようになることを願って名づけました。「原本」を出版した二〇〇〇年代には、「原本」を片手にヨーロッパを旅行してビールの飲み比べを存分に楽しみました、というお声を沢山頂きました。今では、日本国内でも、「本書」を片手に、クラフト・ビールの飲み比べを存分に楽しんで頂けるのではないかと思います。

このような時代背景もあり、「原本」ではどこでクラフト・ビールが飲めるのかという問いに応えるために、巻末に当時の地ビール・メーカーの所在地とビールのタイプをまとめて記載しておりましたが、「本書」では、このページは割愛させて頂くことに致しました。もはや、日本全国どこでも比較的容易にクラフト・ビールが手に入るようになっておりますので。

「本書」は、ビールの歴史から始まり、ビールの造り方、という少々マニアックな解説を経て、ヨーロッパで育まれてきた伝統的かつ代表的な味わいのビールを紹介しています。「原本」のご依頼を頂いた時に、講談社でご担当くださった井上威朗さんと、「末長く愛読して頂けるものを作りましょう」といって書くことを決め、その意図から『ビールの教科書』というタイトルにしました。現在の日本では、地元の特産物を使用したオリジナルのスタイルも積極的に醸造されるようになりましたが、基本的には、本書で説明した代表的なビールの応用編ですので、本書の知識で十分対応できることと思います。

本書で対応していないビールの類では、いわゆる「第三のビール」類があります。「原本」を出した翌年の二〇〇四年にサッポロビールが発売した「ドラフトワン」という商品が最初の第三のビールだったと思います。二〇〇七年からは「第四のビール」というものも出ましたね。発泡酒を含め、第三のビールなどは、日本の酒税法による分類であり、本書で紹介した本来のビールの伝統的なスタイルの違いとは全く別の分類となります。第六章で述べたように、日本におけるビールの酒税（税率）は先進国の中では異常に高く設定されています。消費者にとっては、単純に海外に比べてビールが高額になってしまうわけです。そこで、大手ビール・メーカー各社が、テクノロジーを駆使することで、酒税法を上手にくぐり抜けて税率の低い分類のアルコール飲料に仕立てたものが発泡酒や第三、第四のビールです。基本的には、原材料に使用する麦芽の重量比率を、伝統的な手法ではビールの味を造ることができないほどに下げて造ったビール様のアルコール飲料です。個人的には、真っ当な原材料を十分に使用せずに、添加物などを駆使したものを価格と引き換えに飲まなければならないお国事情はとても寂しい気がします。そのような商品開発をして酒税を下げる努力をされるよりも、単純にビールの減税を主張したほうが国民のためだと思いますし、ビール・メーカーとしても中長期的にはメリットは大きいかと思います。酒税法も少しずつ変化していくようですので、将来に期待したいです。日本でも、いつの日か、このような超人工的なビール様のものを飲まなくても、他の先進国並みに、リーズナブルな価格でビールを楽しめるようになると嬉しいですね。

さて、私は「原本」を出した二〇〇三年には諸事情からすでにビール製造業を売却しておりましたが、個人的には今でもクラフト・ビールを応援し続けており、日本でもビール紀行を楽しめるようになりつつあることを心より嬉しく思っています。

第一章に述べましたが、人類ははるか五〇〇〇年以上も前から、せっせとビールを造り続けてきました。人類が生活をしていく基礎として「衣食住」があるといわれますが、もしも、生きるためだけに必要なもの、と解釈すると、人類は、わざわざ、ビールなどという面倒なものを造る必要などなく、麦を食べ、水を飲めば良いのかと思います。近代の工場で生産されるようになる以前は、ビールのようにアルコール濃度が低い酒は腐敗しやすく簡単に造れるものではなかったと思われます。それにもかかわらず、食事に不自由することも多かったであろう幾多の時代を乗り越えてビールが育まれてきたのは、ビールが単に人類のお腹を満たすためのものではなく、心を満たすためのものだったからではないかと思います。大切な人と過ごすひとときを祝福したり、頑張った自分にご褒美を与えたり、仲間との絆を強めたり、などなど、人生の様々なシーンを彩るために必要なアイテムとしてビールが飲まれてきたのではないかと思うのです。今日の食卓はどんなビールで彩ろうか。そんなことを考えながら飲むビールを変えてみてはいかがでしょうか。

さて、本書を書こうと思った本当の理由をお話しします。「原本」の時はそのきっかけとなった本人=私の父、がまだ生きていたこともあり、照れもあって書くことができませんでした。私事で恐縮ですが、私の父は酒好きで、ビールを散々飲んだ後に日本酒を一升平気で飲んでしまうような人でした。ちなみに私が生まれてすぐに他界した祖父はそれにプラス焼酎を一本空けていたそうで、父は「(自分の)オヤジのような酒飲みではない」と言っていました。私がビール会社を始めてからある日のこと、私が自分の会社で造ったビールを父と一緒に飲んでいました。私は、父の感想も聞きたいと思っておりました。そんな気配を察したのか、私が食卓を離れた時に、その場に残っていた家内にこんなことを言ったそうです。「あのね、美味しくないビールなんてないんだよ。もしもビールを飲んで美味しくないと感じたら、それはお義父さんの働きが足りなかったということなんだよ」

私は、家内からこの言葉を聞いて衝撃を受けました。それまで、ビールの味が美味しいとか美味しくない、というのは「ビールの問題」であって、まさか、飲む人の問題などとは考えたこともなかったからです。冷静に考えれば、こんなのは、単なる飲ん兵衛のたわ言かもしれません。しかし、この言葉は私のビールに対する考え方を百八十度変えてしまいました。

醸造家として、技術的な品質を満たし、客観的に美味しいと思われるビールを造るのは当たり前のことです。味の好みがそのビールに合う人であれば、確かに「美味しい」と思って頂けることでしょう。しかし、ビールがその人の人生を彩る、と考えると、その彩り方は、その人のその時々のシチュエーションだったり、心境によって全く別のものになるのではないでしょうか？　それまでの私は、醸造家として美味しいことはもちろん、商業的な意味合いも戦略的に考慮しながらビールの味を設計していました。そうして出来上がった作品は、私の自信作であり、それ以上のものでも以下のものでもなかったのです。しかし、それは驕りでした。そのビールの味ですら、飲む人が決めるのです。いつでも自社のビールを飲んで頂くのではない、飲みたい時の心情を上手に彩ることができるビールを飲んで欲しいと純粋に思えるようになりました。その人の人生を彩るオプションの一つに、自社のビールもあってくれたら嬉しい、ということです。

たかがビール、されどビール。そんな風に今日の彩りをイメージしながらビールを選んだらどれほど楽しいでしょう。それには、ビールに関する知識がある程度はあったほうがより楽しめるに違いありません。当時の多くの日本人にとって、アサヒのスーパードライが若干スッキリしている、という以外は、「ビールはどれも同じ」というのが偽らざる感覚だったと思います。ワインであれば、今日はちょっぴり甘い白がいいな、とか、多少渋みがあってもコクのある赤にしよう、などと味を想像しながらどれを飲むか決めることは容易に想像できると思います。しかし、日本のビールに対する文化の中には、それがなかったのです。日本にはクラフト・ビールが長い間存在しなかったからです。私がクラフト・ビールの会社をやっていた頃は、私の会社のビールを飲んだことがない方に試飲を勧めても、「あ、地ビールなら飲んだことあるよ。俺はあんまり好きじゃないな」などと、他社の地ビールを一回飲んだだけで、すべての地ビールが同じだと思ってしまう、という、今では笑い話のようなことがしょっちゅうあり、とても残念に思ったものです。ビールもワイン同様に多種多様な味わいがあることを多くの消費者の皆様に知って頂きたいと思い、ビールに関する基本的な知識を伝えるメルマガを発信することにしたのです。メルマガでの発信力の限界を感じつつも、書く内容がいち段落ついた時に、講談社から本書の出版のお話を頂き、まさに渡りに船、というのが、「原本」を書いた本当の理由です。

　私の父は、四年前に私との旅行先で他界しました。癌で医師から余命宣告をされており、医師からの許可を得て、本人が行きたがっていた、若い頃に過ごした草津温泉に出かけておりました。深夜に起きた父が「ビール買ってきてくれ」と言ったのが私への最後の言葉になりました。深夜でしたので、自販機の缶ビールを買ってきて、飲んでいる父に向かって「美味しい？」と聞いたのが私の父への最後の言葉です。その問いかけにニコッと笑って頷いたのを見て、私は隣の部屋に戻って寝ました。その未明、父はそのまま安らかに永眠しました。ビールが美味しかったのだから、きっと良い人生の仕事を全うしたのだと思います。この度、学術文庫版での出版の機会を頂きましたので、父への感謝を添えて、本書誕生のきっかけをお話しさせて頂きました。

多種多様なクラフト・ビールの味わいに触れることなく、ビールという人類の偉大な発明を存分に楽しむことはできません。ビールが、読者の皆様の人生に彩りを添える一助となることを願って、学術文庫版のあとがきとさせて頂きます。

二〇一九年三月

青井博幸

マ　行

ヤ　行

ラ　行

ワ　行

ハ　行

タ　行

ナ　行

サ　行

索　引

ア　行

カ　行

本書の原本は、二〇〇三年に小社より刊行されました。

青井博幸（あおい　ひろゆき）

1960年東京生まれ。京都大学大学院原子核工学専攻修士。フロリダ工科大学（MOT）修了。エンジニアリング会社勤務後，地ビール会社を創業。現在はアオイ＆カンパニー株式会社代表取締役として経営コンサルティングを手がける傍ら，グロービス経営大学院教授を務める。全国地ビール醸造者協議会顧問。著書に『重要会議ではヅラをかぶろう——超・実践クリエイティブ経営』，『ビールの力』，監修書に『［実況］経営戦略教室』など。

定価はカバーに表示してあります。

ビールの教科書（きょうかしょ）

青井博幸（あおいひろゆき）

2019年6月10日　第1刷発行

発行者　渡瀨昌彦
発行所　株式会社講談社
東京都文京区音羽2-12-21 〒112-8001
電話　編集（03）5395-3512
販売（03）5395-4415
業務（03）5395-3615
装　幀　蟹江征治
印　刷　豊国印刷株式会社
製　本　株式会社国宝社
本文データ制作　講談社デジタル製作

ISBN978-4-06-515952-1

「講談社学術文庫」の刊行に当たって

これは、学術をポケットに入れることをモットーとして生まれた文庫である。学術は少年の心を養い、成年の心を満たす。その学術がポケットにはいる形で、万人のものになることは、生涯教育をうたう現代の理想である。

こうした考え方は、学術を巨大な城のように見る世間の常識に反するかもしれない。また、一部の人たちからは、学術の権威をおとすものと非難されるかもしれない。しかし、それはいずれも学術の新しい在り方を解しないものといわざるをえない。

学術は、まず魔術への挑戦から始まった。やがて、いわゆる常識をつぎつぎに改めていった。学術の権威は、幾百年、幾千年にわたる、苦しい戦いの成果である。こうしてきずきあげられた城が、一見して近づきがたいものにうつるのは、そのためである。しかし、学術の権威を、その形の上だけで判断してはならない。その生成のあとをかえりみれば、その根は常に人々の生活の中にあった。学術が大きな力たりうるのはそのためであって、生活をはなれた学術は、どこにもない。

開かれた社会といわれる現代にとって、これはまったく自明である。生活と学術との間に、もし距離があるとすれば、何をおいてもこれを埋めねばならない。もしこの距離が形の上の迷信からきているとすれば、その迷信をうち破らねばならぬ。

学術文庫は、内外の迷信を打破し、学術のために新しい天地をひらく意図をもって生まれた。文庫という小さい形と、学術という壮大な城とが、完全に両立するためには、なおいくらかの時を必要とするであろう。しかし、学術をポケットにした社会が、人間の生活にとってより豊かな社会であることは、たしかである。そうした社会の実現のために、文庫の世界に新しいジャンルを加えることができれば幸いである。

一九七六年六月

野間省一

文化人類学・民俗学

近藤喜博著
日本の鬼　日本文化探求の視角
恐るべき怪異、虚空の雷神、滑稽な邪鬼……鬼はどう変幻し、日本人の生活感情に棲み続けてきたか。その本質を自然の破壊的エネルギーに捉え、風雷神から「かきつばた」まで、鬼を通して日本の風土を読み解く。

2005

J・G・フレーザー著／吉岡晶子訳／M・ダグラス監修／S・マコーマック編集
図説　金枝篇（上）（下）
イタリアのネミ村の「祭司殺し」と「聖なる樹」の謎を解明すべく四十年を費して著された全13巻のエッセンス。民族学の必読書であり、難解さでも知られるこの書を、二人の人類学者が編集した［図説・簡約版］。

2047・2048

岡田　哲著
明治洋食事始め　とんかつの誕生
明治維新は「料理維新」！　牛鍋、あんパン、ライスカレー、コロッケ、そして、とんかつはいかにして生まれたのか？　日本が欧米の食文化を受容し、「洋食」が成立するまでの近代食卓六〇年の疾風怒濤を活写。

2123

中沢新一著（解説・沼野充義）
東方的
モダンな精神は、何を獲得し何を失ったのか？　偉大な叡智は科学技術文明と近代資本主義が世界を覆い尽くす時が、真の危機だと告げる。四次元、熊楠、シャーマニズム……。多様なテーマに通底する智恵を探る。

2137

大久保洋子著
江戸の食空間　屋台から日本料理へ
盛り場に、辻々に、縁日に、百万都市江戸を埋め尽くしたファストフードの屋台から、てんぷら、すし、そば、鰻の蒲焼は生まれた。庶民によって生み出され支えられた、多彩で華麗な食の世界の全てがわかる一冊。

2142

石毛直道著
世界の食べもの　食の文化地理
日本、朝鮮、中国、東南アジア諸国、オセアニア、マグレブ。諸民族の食を探求し、米・酒・麵・茶・コーヒーなど食べものから見た世界地図を描く。各地を探検した〈食文化〉研究のパイオニアによる冒険の書。

2171

文化人類学・民俗学

パンの文化史
舟田詠子著

日本語で書かれた、ほぼ唯一の、パンの文化人類学。膨大な資料と調査に基づいて古今東西のパン食文化を一望。貴重な図版写真も多数収録。世界中で多種多様に継承されたパンの姿と歴史と文化が、この一冊に。

2211

日本の食と酒
吉田　元

日本人は何を食べていたのか。中世の公家日記と寺院文書からその食生活を再現し、酒、醤、味噌、納豆などの製法から日本の食文化を最も特徴付ける発酵文化の歴史を跡付ける。これが日本食の原型だ！

2216

イザベラ・バードの旅『日本奥地紀行』を読む
宮本常一著（解説・赤坂憲雄）

明治初期、「旅に生きた英国婦人」が書き留めた日本人の暮らしぶりを読み解いた、著者晩年の名講義録。なにげない記述から当時の民衆社会の世相を鮮やかに描き出す、宮本民俗学のエッセンスが凝縮。

2226

日本探検
梅棹忠夫著（解説・原　武史）

知の巨人は、それまでの探検で培った巨視的手法で己れの生まれた「日本」を対象化し、分析する。「文明の生態史観序説」と『知的生産の技術』の間に書かれ、梅棹学の転換点となった「幻の主著」がついに文庫化！

2254

東北学／もうひとつの東北
赤坂憲雄著（解説・内藤正敏）

東北に縄文以来堆積してきた稲作以前の種族＝文化の重層的なありようを掬い上げる。柳田国男の一国民俗学の可能性と限界を問い、その枠組みの北辺とされた東北を、辺境ではなく多数性を孕む最前線と位置付ける。

2268

全国妖怪事典
千葉幹夫編

日本の妖怪大集合！　柳田國男以来の伝統をふまえ、文献に現れた七百四十余の妖怪を都道府県別に整理・分類。種別や出現場所、特徴等を紹介した本邦初の本格的妖怪事典。妖怪を愛するすべての人に贈る一冊！

2270